DIE KUNST DES
RAHMENS

DIE KUNST DES RAHMENS

Bilder stilsicher rahmen, hängen und präsentieren

Piers und Caroline Feetham
Fotos von Patrick Steel

Gerstenberg Verlag

Aus dem Englischen übersetzt von
Alwine H. Schuler

Die Deutsche Bibliothek - CIP-Einheitsaufnahme
Die **Kunst des Rahmens** : Bilder stilsicher rahmen, hängen und präsentieren / Piers und Caroline Feetham. Fotos von Patrick Steel. [Aus dem Engl. übers. von Alwine H. Schuler]. -
Hildesheim : Gerstenberg, 1998
Einheitssacht.: The art of framing <dt.>
ISBN 3-8067-2831-3

Die Originalausgabe erschien 1997 unter dem Titel *The Art of Framing* bei Ryland Peters & Small Ltd, Cavendish House, 51–55 Mortimer Street, London W1N 7TD.

Satz: Fotosatz Ressemann, Hochstadt
Printed in Hong Kong
ISBN 3-8067-2831-3

INHALT

VORWORT

Mit diesem Buch wollen wir Sie in die faszinierende Welt der Rahmen, Bilder und Kunstobjekte entführen. Wir möchten Ihnen schildern, wie phantasievoll sich die verschiedensten Werke rahmen lassen, wenn man entsprechendes Wissen über die Rahmenherstellung und ein gewisses ästhetisches Gespür mitbringt. Zunächst ging es uns in erster Linie um die handwerklichen Techniken, denn die Herstellung guter Bilderrahmen setzt solides handwerkliches Können und fachliche Detailkenntnisse voraus. Für uns bot sich so die Gelegenheit, unsere Erfahrungen in der Holzbearbeitung und unser Interesse an Möbeln und am Restaurieren einzubringen. Zudem galt es, ein Spektrum flankierender Fertigkeiten aufzuzeigen. Im Kapitel *Das Rahmenhandwerk* zeigen wir, wie Rahmenbauer arbeiten, und versuchen, etwas von der Atmosphäre ihrer Ateliers zu vermitteln. Manches mag in diesem Zusammenhang Laien überraschen; so erinnern wir uns noch gut daran, wie unser Fotograf sich wunderte, als wir vorführten, wie Blattgold aufgebracht wird. Bei der Herstellung moderner Rahmen hingegen werden auch relativ neue Materialien wie Aluminium oder Plexiglas verwendet.

Probleme ganz anderer Art stellen sich hinsichtlich der künstlerischen Seite des Rahmenbaus. Welcher Rahmen eignet sich für welches Bild? Eindeutige Kriterien hierfür lassen sich, wenn überhaupt, nur wenige finden; grundsätzlich sollten persönlicher Geschmack und individuelle Vorlieben ausschlaggebend sein. Es ist jedoch sinnvoll, sich zunächst einmal einen Überblick über die gesamte Palette der Möglichkeiten zu verschaffen und sich diesem ungemein faszinierenden Gegenstand auch aus historischer Sicht zu nähern. Bei unserem Rückblick auf die Geschichte des Rahmens erheben wir allerdings keinen wissenschaftlichen Anspruch. Das Thema ist sehr komplex – es hat mit Möbeldesign ebensoviel zu tun wie mit Kunstgeschichte – und durch zahlreiche Fachbücher bereits gut dokumentiert. Uns kommt es darauf an, möglichst konkrete Tips zu geben. Vielleicht besitzen Sie ein italienisches Gemälde aus dem 17. oder ein englisches Aquarell aus dem frühen 19. Jahrhundert und suchen dafür einen Originalrahmen oder eine passende Kopie? Historisches Wissen kann darüber hinaus aber auch jenen von Nutzen sein, die keine Sammlung alter Meisterwerke ihr eigen nennen, und das gilt wohl für die meisten. Kenntnisse über die Geschichte der Rahmenherstellung – unter Berücksichtigung der Kunst, aber auch der Lebens- und Dekorationsstile der jeweiligen Epochen – können die Wahl eines Rahmens erleichtern, selbst wenn es sich um ein modernes Werk handelt. Gute Rahmenbauer legen Wert auf historische »Paßgenauigkeit«, wenn sie es mit alten Meisterwerken zu tun haben, lassen sich jedoch beim Rahmenbau für moderne Gemälde auch von alten Stilen inspirieren.

Auf den Ausführungen zur Geschichte des Rahmens basierend, zeigt das Kapitel *Die Kunst des Rahmens* anhand zahlreicher Beispiele auf, welcher Rahmen zu welchem Bild oder Objekt paßt. Diese Hinweise sollen bei der Entscheidungsfindung helfen, müssen jedoch nicht sklavisch befolgt werden. *Die* richtige Lösung gibt es nicht, denn die Entscheidung für einen Rahmen hängt von einer Reihe von Faktoren ab – vom persönlichen Geschmack, aber auch von der Umgebung, in der das Bild einmal hängen soll. Doch wie schnell ist eine falsche Entscheidung getroffen! Dieses Buch mit seinem umfangreichen Bildmaterial soll Ihnen helfen, bei der Rahmenwahl die gröbsten Fehler zu vermeiden und eine ästhetisch gelungene Lösung zu finden.

Zum Schluß geht es um das Aufhängen von Bildern. Echte Sammler mögen bei der Entscheidung für einen Rahmen einzig und allein das Bild selbst im Kopf haben. Doch bei vielen anderen, häufig eher dekorativen Bildern gilt es, auch die spätere Umgebung mit zu berücksichtigen, u.a. den Raum, in dem das gerahmte Gemälde einmal hängen soll. Hier kommt also die Raumästhetik bzw. -gestaltung ins Spiel.

Dieses Buch ist so konzipiert, daß man es immer wieder zu Rate ziehen kann, ohne es von Anfang bis Ende durchlesen zu müssen. Es bietet reichhaltige Informationen zur Kunst der Rahmenherstellung und möchte bei der Suche nach dem »richtigen« Rahmen unterstützen und inspirieren.

Caroline Feetham

Piers Feetham

Oberstes Ziel beim Rahmen von Originalkunstwerken ist eine Einfassung, die das Werk optimal zur Geltung bringt, ohne mit ihm zu konkurrieren. Hier betont der großzügige schwarze Rahmen die ausgeprägte Linienführung des Gemäldes und hebt das Bild gleichzeitig gegen die leuchtendblaue Wand ab.

ZUR GESCHICHTE DES RAHMENS

IN DER WESTLICHEN KULTUR HAT DER RAHMEN – ALS BILDBEGRENZUNG UND ABGRENZUNG GEGENÜBER DEM UMGEBENDEN RAUM – EINE LANGE TRADITION.

Rechts: Giottos Fresken in Florenz und Assisi sind mit gemalten Rahmen eingefaßt, die die einzelnen Bildsequenzen voneinander abgrenzen und so deren erzählerischen Gehalt betonen.

Links: Im 18. und 19. Jahrhundert versah man komplette Sammlungen oder einzelne Genres gern mit einheitlichen Rahmen. Dieser englische Rahmen von etwa 1830 ist ein typischer Porträtrahmen jener Zeit.

Bereits pompejanische Freskenmaler sahen die Notwendigkeit, Gemälde nicht nur durch den umgebenden Raum, sondern durch gemalte Einfassungen einzugrenzen. Frühchristliche byzantinische Mosaiken sind mit ausladenden gemusterten Umrandungen umschlossen, deren formale Strukturen den architektonischen Linien des Kircheninneren entsprechen. Und wenn wir heute eine große Galerie besuchen, werden wir kaum ein berühmtes Gemälde ohne Rahmen vorfinden. Das bedeutet aber nicht, daß Rahmen und Bild aus derselben Epoche stammen müssen oder man gar den Originalrahmen vor sich sieht. In vielen Fällen gingen die Rahmen verloren, so daß den Galerien nichts anderes übrigblieb, als auf historische Rahmen aus dem eigenen Fundus zurückgreifen oder sich am Inventar anderer Galerien zu orientieren.

In der Entwicklungsgeschichte des Bilderrahmens spielen die ständig wechselnden Moden und Techniken der dekorativen Künste eine weit größere Rolle als die Geschichte der Kunst. Viele Sammler rahmten ihre Gemälde passend zu Innenräumen und Mobiliar. Andere bevorzugten einen einheitlichen Stil, um ihrer Sammlung eine persönliche Note zu verleihen und damit die Bilder selbst einer ehrgeizigen Demonstration von Macht und Wohlstand unterzuordnen. So beauftragte der Comte d'Angiviller, der Gemäldeverwalter Ludwigs XVI., den Rahmenbauer Buteaux mit dem Entwurf eines Einheitsrahmens für alle königlichen Gemälde, dem viele Originalrahmen weichen mußten.

Die frühesten Rahmen stammen aus dem 13. und 14. Jahrhundert. Es sind jene großartigen Konstruktionen, mit denen

Altarbilder eingefaßt wurden. Diese meist echtvergoldeten Maßwerkschnitzereien ahmen im kleinen die Fassaden gotischer Kathedralen nach. In dieser frühen Epoche der Kunstgeschichte gehörten die Künstler und Handwerker der Altargemälde meist derselben Werkstatt an. In der Renaissance, die von humanistischen Idealen geprägt war, kam es dann zu einer Spaltung von Künstler- und Handwerkertum. Am Ende des 15. Jahrhunderts oblag die Rahmenherstellung v.a. Möbelbauern, Holzschnitzern und sogar Baumeistern. Und doch gab es einige Künstler, die die Rahmen – *ornamenta* – für ihre Bilder weiterhin selbst entwarfen: Albrecht Dürer (1471–1528), Vincent van Gogh (1853–1890), Robert Delaunay (1885–1941) u.a. hielten die Rahmen für einen wichtigen Bestandteil ihrer Werke.

Links: Das Richard II. darstellende Wilton-Diptychon stammt aus Frankreich. Das kleine zweiflügelige Altarbild ist mit Scharnieren versehen und läßt sich zusammenklappen. Der Rahmen besteht aus flachen vergoldeten Leisten mit S-förmigem Profil. Im Vergleich zu den Einfassungen anderer, ebenfalls um 1390 entstandener Diptychen und Triptychen ist dieser Rahmen sehr einfach.

Unten: Auf diesem Altarbild von Fra Angelico lassen sich deutlich gotische Einflüsse erkennen.

Rechts: Aus den dreidimensionalen Konstruktionen, mit denen man große Altargemälde einfaßte, entwickelte sich eine Vielfalt von Tabernakelrahmen. Dieses Beispiel mit einem Ziergiebel auf korinthischen Säulen (17. Jahrhundert) stammt aus Italien. Es weist gemalte Details, Schnitzereien und Vergoldungen auf. Verschlungenes Blattwerk ziert den schwarzen Untergrund.

Oben rechts: Kassettenrahmen bestehen aus flachen Leisten. Dieser schwarze Rahmen ist u.a. mit einem goldenen Blumenmuster verziert.

DIE ANFÄNGE

Der Bilderrahmen, wie wir ihn kennen – eine für die Präsentation und den Schutz eines Gemäldes notwendige Einfassung –, wurde in der italienischen Frührenaissance entwickelt. Bis zum 17. Jahrhundert blieb Italien in der Kunst des Rahmenbaus tonangebend. Danach etablierte sich Frankreich als führende Kunstnation. Neue Strömungen nahmen nun von dort ihren Ausgang.

Zunächst »rahmte« man lediglich wichtige religiöse Gemälde – in Anlehnung an die damalige Kirchenarchitektur – in hoch aufragende Gebilde, die raumgestaltende Funktion hatten. Tafel und Rahmen wurden meist aus demselben Stück Holz geschnitzt. Der Rahmen wurde in derselben Werkstatt gebeizt, mit Gesso behandelt, bemalt oder vergoldet. Zu Beginn der Renaissance entwickelten sich im Zuge der neuen philosophischen und ästhetischen Erkenntnisse auch neue Verfahrensweisen. Der Status des Künstlers erfuhr allmählich eine Aufwertung, und die Rahmenherstellung fiel mehr und mehr in den Aufgabenbereich von Handwerkern wie Schnitzern oder Graveuren. Die für die Renaissancemalerei und -architektur charakteristische Orientierung an der Antike manifestierte sich im Laufe der Zeit auch in der Rahmenkunst, d.h., man wandte sich von der Gotik ab und der klassischen Form und dem dekorativen Detail zu.

Im 15. Jahrhundert wurde die Entwicklung des Rahmenhandwerks hauptsächlich in Venedig, in der Toskana (ins-

Oben: Ein typischer, von der antiken Klassik inspirierter Renaissancerahmen mit kannelierten Pilastern und klaren Linien. Er faßt die Verkündigung von Fra Angelico (um 1387–1455) ein.

besondere in Florenz), in Bologna und in Rom vorangetrieben. Die venezianischen Kunsthandwerker hielten etwas länger als ihre toskanischen Kollegen an der traditionellen gotischen Form fest, entwickelten dann aber prächtigere Linienführungen als diese.

Bei der Rahmengestaltung spielten sowohl das Bild als auch das Budget des Auftraggebers eine entscheidende Rolle. Ädikula- oder Tabernakelrahmen sahen mit ihren Sockeln, seitlichen Stützen und Gebälken zunächst wie kleine Tempel aus. Mit der Zeit verschwanden jedoch überflüssige architektonische Formen wie z.B. die freistehende Basis, und lediglich die Giebelform und u.U. Pilaster blieben erhalten. Für runde Gemälde schnitzte man runde Rahmen, sogenannte Tondi. Den Kassettenrahmen, einen einfachen Plattenrahmen, schmückten entweder eingravierte, eingeschnitzte oder mit Goldfarbe aufgemalte Blattmuster, oder er wurde komplett schwarz gestaltet.

Manche Rahmen wurden lediglich teilvergoldet und ansonsten mit Farbtünche oder Marmorfinish verziert. Aus Italien stammende Vergoldungen aus dieser frühen Zeit haben

Oben: Ein schönes Beispiel für ein Tondo. Das Gemälde von Raffaellino aus dem frühen 16. Jahrhundert wird von einer Girlande aus Blättern und Früchten eingefaßt. Ein diagonales Band setzt Akzente.

Unten: Der Ädikularahmen der Madonna mit Heiligen *(Venedig) von Giovanni Bellini (um 1430–1516) wurde von Jacopo da Faenza vermutlich nach Anweisungen des Malers gefertigt. Die Raumillusion des Gemäldes wird durch die Rahmengestaltung verstärkt; etwa durch den Übergang von gemalten in geschnitzte Pilaster.*

Ende des 16. und Anfang des 17. Jahrhunderts waren Rahmen im Sansovino-Stil Mode. Schwungvoll geschnitztes, oft mit Karyatiden (oder Cherubinen) durchsetztes Rollwerk und Voluten schmückten sie, wie an diesem Porträt von Sir Edward Hoby (1583) zu sehen.

meist eine limonenfarbige Tönung. Das Blattgold wurde auf ockerfarbenen Bolus aufgebracht und erzeugte wunderschöne Glanzlichter. Italienische Schnitzer bevorzugten für die Rahmenherstellung meist helle Weichhölzer oder Obstbaumhölzer.

Im 16. Jahrhundert wurden die klassischen Maximen der Renaissance zunehmend in Frage gestellt. Maler und Bildhauer setzten sich bewußt über deren Grundsätze (Klarheit und Harmonie) hinweg, indem sie mit asymmetrischen Kompositionen experimentierten. Sie gestalteten überlange und kompliziert verdrehte Figuren und führten ungewohnte Farbkombinationen ein. Diese »manieristischen« Gemälde oder Skulpturen sind äußerst ausdrucksstark, wirken andererseits aber auch sehr unruhig. Auch im Schnitzwerk der Rahmen spiegelt sich diese Entwicklung wider – die zurückhaltenden strengen Formen der Renaissance weichen den dynamischen Schnitzereien des Manierismus.

Ende des 16., Anfang des 17. Jahrhunderts wurde in Venedig der sogenannte Sansovino-Rahmen entwickelt, ein nach dem Bildhauer und Baumeister Jacopo Sansovino benannter Rahmentyp. Einige Elemente des Ädikula- oder Tabernakelrahmens sind im Sansovino-Rahmen in abgewandelter, spielerischer Form erhalten: der Ziergiebel (meist durchbrochen), die Pilaster und die Kannelierung. Details – z.B. Karyatiden – tauchten nun mit zunehmend kunstvoller gestalteten Girlanden und einer Fülle organischer Formen und spiraliger Verzierungen auf. Diese Rahmen wurden teilweise oder ganz vergoldet oder schwarz gestrichen.

Zu den schönsten Schnitzarbeiten aus dem 17. Jahrhundert zählen die meist von Florentiner oder Bologneser Künstlern inspirierten Blattrahmen. Die großen, kompliziert verschlungenen Akanthusblätter, die entweder aufgerollt oder spiralförmig eingerollt dargestellt wurden, gingen häufig mit Tiersymbolen oder einer durch das Blätterwerk grinsenden Fratze einher. Das Blattwerk entwickelte dabei oft ein so starkes Eigenleben, daß es über die Begrenzung des Rahmens hinausquoll.

Im Barock, Mitte des 17. Jahrhunderts, prägten Künstler und Baumeister, Bildhauer und Möbelbauer voll überbordender kreativer Energie (das überwiegend katholische) Europa mit ihrer leidenschaftlichen, den Tugenden der Klassik huldigenden Kunst. Barockrahmen sind in der Regel virtuos gestaltete, fast skulpturale Gebilde, die exquisite eigenständige Kunstwerke darstellen und kaum hinter den Gemälden, die sie schmücken, zurückstehen. Viele dieser Rahmen zierten Spiegel oder andere dekorative Einrichtungsgegenstände. Im Barock pflegte man einen äußerst universalen Stil.

Die Rahmenbauer Nordeuropas verfolgten zunächst eine andere Linie. Einzelne kleine Tafelbilder waren weit verbreitet, und nach italienischem Vorbild wurden Rahmen und Bildträger aus demselben Stück Holz gefertigt. Obwohl in späterer Zeit Rahmen separat gebaut wurden, betrachtete man Bild und Rahmen auch weiterhin als Einheit. Die Rahmenherstellung blieb meist Sache des Künstlers. Entweder bemalte oder verzierte er den Rahmen selbst oder übertrug diese Aufgabe einem Werkstattmitarbeiter.

Kleine tragbare Triptychen und Diptychen (wie das Wilton-Diptychon) hatten oft recht einfache Rahmen – schlichte

vergoldete Leisten –, und Profanbilder (z.B. Porträts) wurden meist mit einfachen Eichen- oder Ebenholzleisten eingefaßt. In späterer Zeit wurden die Rahmen dann furniert oder bemalt. Mittels bestimmter Techniken erzielte man Holzfurnier-, Schildpatt-, Marmor- oder Steineffekte. Insbesondere holländische Künstler, die häufig Stein und Marmor imitierten, versuchten zugleich, eine Raumillusion zu schaffen: Der untere Rahmenbereich erhielt einen gemalten Sims, und der Rahmen wurde zum Fenster.

Deutsche Rahmenbauer verwendeten, ähnlich wie ihre flämischen Nachbarn, oft einfache schwarz gestrichene oder dunkel polierte Hölzer. Sie fertigten außerdem komplizierte architektonische Rahmen an, denen sie manchmal Eckornamente aufsetzten. Runde und ovale Gemälde erhielten meist relativ klobige achteckige Rahmen aus poliertem Holz. Um eine filigranere Wirkung zu erzielen, verzierte man diese Rahmen mit sich wiederholenden geschnitzten Flammen-, Wellen- oder Kräuselmustern, in denen sich das Licht brach.

Oben links: Im Vergleich zur Einfassung des Hoby-Porträts wirkt dieser komplett vergoldete Sansovino-Rahmen mit den beiden Gesichtern manieristisch übertrieben.

Links: Ein durchbrochenes, verschlungenes Band mit üppigen Schnörkelverzierungen, Rocailles und Blattornamenten ziert diesen römischen Barockrahmen.

Oben: Entwurfszeichnung für einen Spiegel (Ende 17. Jahrhundert) von Andrea Brustolon (1662–1732). Links eine allegorische Darstellung von Kunst und Wissenschaft, rechts eine Allegorie der Tapferkeit, oben die Allegorie der Liebe. Versierte Schnitzer konnten fast jedes gewünschte Motiv anfertigen.

Links: Bemalte breite Plattenrahmen wie dieser flämische Rahmen (um 1620) waren im 17. Jahrhundert in Nordeuropa populär. Die Darstellungen auf solchen Rahmen sind in der Regel allegorisch oder symbolisch verschlüsselt und für moderne Betrachter daher nicht leicht zu interpretieren. Auch dekorative Inschriften waren beliebt.

Unten: Das Selbstporträt des holländischen Künstlers Ferdinand Bol ist in einen wundervollen Lutma-Rahmen eingefaßt. Das komplett vergoldete Schnitzwerk zeigt Sonnenblumen, Maiskolben und viele andere Pflanzen, die man mit der Erntezeit in Verbindung bringt.

Unten: Typisch spanischer Plattenrahmen mit Pflanzenmotiven. Das Schnitzwerk dieses polychromen vergoldeten Rahmens wirkt recht massiv und sehr plastisch.

Im 17. Jahrhundert wurde in Holland auf der Grundlage des venezianischen Sansovino-Rahmens der reichverzierte vergoldete Lutma-Rahmen entwickelt, benannt nach dem Goldschmied und Stecher Jan Lutma dem Jüngeren. Spielerisch angeordnete Tier- und Fischgestalten, Muscheln, Früchte und Pflanzendetails schmückten ihn. Die bemerkenswerte Kunstfertigkeit der Schnitzer bewog die Auftraggeber, die so ihren Status und ihren Reichtum demonstrieren konnten, von den Rahmenbauern die Anfertigung immer komplizierterer Motive wie Kriegstrophäen, Insignien, Wappen u.ä. zu verlangen. Häufig wäre ein einfacher schwarzer Rahmen die bessere Wahl gewesen.

Verglichen mit der in Italien und Frankreich üblichen Glanzvergoldung (Auflegen von Blattgold auf Gesso und Bolus oder Ton), wirken niederländische Vergoldungen matter, da das Blattgold auf Ölfarbe aufgebracht wurde. Diese Methode erlaubte den Rahmenbauern, nur ausgewählte Bereiche des Schnitzwerks mit Glanzlichtern zu versehen und so bestimmte Details stärker hervorzuheben. Selbst wenn die Kunden Rahmenimitationen im Stil Louis treize und Louis quatorze wünschten, blieben die Künstler bei dieser Vergoldungsmethode.

In der frühen spanischen Kunst sind vor allem die riesigen Retabelrahmen bemerkenswert, an denen Maler, Bildhauer, Schnitzer und Tischler gemeinsam arbeiteten. Seit Beginn des 15. Jahrhunderts ist an vielen Rahmen kleinerer Sakralgemälde ein nordeuropäischer Stileinfluß unverkennbar. Sie bestanden meist aus einfachen gebeizten, polierten, furnierten oder schwarz gestrichenen Holzleisten. Dazu kamen die in Deutschland und Holland weitverbreiteten Leistenrahmen mit Wellen- oder Rippenmustern. Später etablierte sich auch der aus Italien stammende schwarze Kassettenrahmen mit vergoldeter Sgraffito-Ornamentierung, den man künftig vor allem mit spanischen Gemälden in Verbindung brachte.

Der typisch spanische Herrera-Stil geht auf den Baumeister Juan de Herrera zurück, der im Auftrag Philipps II. von Spanien zwischen 1567 und 1586 den Bau des Königsschlosses El Escorial vollendete. Dieser von Rahmenbauern und anderen Kunsthandwerkern, wie den *ornemanistes* und den Möbeltischlern, gepflegte Stil zeichnet sich durch zahlreiche Details auf einer meist maurischen oder gotischen und häufig mit Schmucksteinen besetzten Grundform aus. Die Rahmen sind in der Regel vergoldet und die Leisten mit verschlungenen Bandverzierungen geschmückt, die an Lederarbeiten, goldgewirkte Bucheinbände oder die Ornamentierungen von Reliquienschreinen erinnern.

Oben: Die zentralen Blütenkartuschen und die geschnitzten Eckelemente auf diesem schwarzen teilvergoldeten Rahmen mit Rundstab und angesetzter Hohlkehle sind charakteristisch für spanische Barockrahmen.

Oben: Dieser niederländische Rahmen (18. Jahrhundert) mit gerippten und gestuften Kanten aus Ebenholz ist mit hellrotem Schildpatt furniert.

Unten: Gerippte Leisten wie an diesem geschnitzten, schwarz gebeizten Rahmen aus der Alpenregion sollen das Licht einfangen, das von den Schnitzkanten reflektiert wird, und das Schwarz so aufhellen.

Dieses Bildnis von Hyacinthe Rigaud (1659–1743), dem *Porträtmaler am Hofe Ludwigs XIV., zeigt den Bildhauer Desjardins. Der Rahmen ist von bemerkenswerter Schlichtheit.*

FRANZÖSISCHE EINFLÜSSE

Im 17. Jahrhundert war in der Kunst nicht mehr Italien, sondern Frankreich tonangebend. Die Herstellung von Rahmen wurde zunehmend von Möbel- und Innenraumgestaltern übernommen – eine Entwicklung, die sich bereits in Italien angebahnt hatte und Anfang des 19. Jahrhunderts nahezu abgeschlossen war. Unter Ludwig XIII. etablierte sich in Frankreich der italienische, v.a. der zurückhaltende Bologneser Stil. Fortlaufende Muster wie Ei-, Pfeilstab und/oder diverse Bandformen zierten die Innenleisten, wellenförmiges Blattwerk den Rahmenkorpus.

Unter Ludwig XIV. entwickelte sich Frankreich in den dekorativen Künsten, in der Literatur und der Architektur schließlich zur führenden Nation Europas. Diese Dominanz sollte fast zweihundert Jahre währen. Da die französischen Künstler und Kunsthandwerker nicht nur für die Aristokratie im eigenen Land, sondern auch für ausländische Auftraggeber arbeiteten, profitierten Handwerker aus ganz Europa von den Kenntnissen ihrer französischen Kollegen. Ihre Techniken und Verfahrensweisen wurden in Stichen festgehalten und diese dann in Büchern überall verbreitet. Die Obrigkeit verstand sich darauf, der Kunst und Kultur Frankreichs im Namen des Königs im Ausland Ansehen zu verschaffen. Es entstanden zahlreiche Textilmanufakturen, die Wandteppiche (Gobelins und Savonnerie-Teppiche), aber auch Porzellan (z.B. in Sèvres) produzierten. Zudem investierten Charles Le Brun, Präsident der Königlichen Akademie für Malerei und Skulptur, und andere führende Künstler viel Zeit in den Entwurf von Bilderrahmen für den königlichen Palast. Zur gleichen Zeit zentralisierten und spezialisierten sich die Handwerkerzünfte. Eine der wichtigsten war die Zunft der Möbeltischler, die das gesamte Holzmobiliar und die Rahmen für Bilder und Spiegel herstellten.

Der Louis-quatorze-Rahmen mit seinen im Vergleich zu älteren Rahmen viel feiner ziselierten, stilisierten Verzierungen wurde stilprägend. Bildeinfassungen, die in den letzten Regentschaftsjahren des Sonnenkönigs entstanden sind, weisen eine ausgeprägte Ornamentierung auf: Die Schnitzereien traten plastisch hervor, die Kanten wurden schärfer, und zahlreiche zusätzliche Verzierungen wie Trophäen (aus den Bereichen Musik und Heereswesen), Wappen, Köpfe, Tiere usw. wurden angebracht.

Nach dem Tod Ludwigs XIV. im Jahr 1715 formierte sich

Die Gemälde im Salon de l'Abondance im Schloß von Versailles sind in prachtvolle Goldrahmen eingefaßt, die perfekt mit den wunderschön verzierten und ebenfalls vergoldeten Gesimsen und Türumrandungen harmonieren. Man beachte die kunstvoll geschnitzten Wappen und ausladenden Ecken der Rahmen rechts im Bild.

eine Bewegung, die den Pomp des Barock und den Lebensstil am Hof von Versailles ablehnte. Die meisten Aristokraten kehrten nach Paris zurück und ließen dort gemütliche, komfortable Stadtwohnungen erbauen. Dekorationskünstler nahmen sich die Freiheit, Täfelungen, Möbel und Rahmen mit geschwungenen Konturen zu versehen sowie mit wellenförmigen Bändern und asymmetrischen Mustern zu verzieren. Als Ludwig XV. mündig wurde, hatte sich der verspielte Rokokostil in der Innenraumgestaltung bereits durchgesetzt. Im Zuge dieser Entwicklung trat das Bild gegenüber der überschwenglich ornamentierten Einfassung mehr und mehr in den Hintergrund: Der Rahmen wurde zum Selbstzweck. Das nüchterne Rechteck verschwand unter einer Flut von Schnitzwerk und asymmetrischen Formen, die sich architektonischen Normen völlig entzogen. Wandvertäfelungen »umrahmten« Gemälde, Fenster und Türen; einzelne Textblätter wurden mit Arabesken eingefaßt; dekorative Details auf Möbeln, Porzellan, Tapeten und Textilien erhielten ebenfalls eine Umrandung. Vignetten waren weit verbreitet. Erst als Ludwig XVI. den Thron bestieg, gewann ein zunehmend sachlicher Stil an Einfluß, und man kehrte zu klassischen Formen zurück.

STIL LOUIS TREIZE (1610–1643)

Plastisch herausgearbeitete Ornamente zieren die Eckbereiche der Rahmen. Im 18. Jahrhundert wurden in Frankreich Rahmen v.a. aus Eichenholz hergestellt. Es läßt sich exakter bearbeiten als Linden- oder Pappelholz, das in Italien sehr beliebt war.

STIL LOUIS QUATORZE (1643–1715)

Noch beschränken sich die Verzierungen weitgehend auf den Rahmenkorpus, doch das Schnitzwerk ist bereits viel filigraner. Neue Motive – z.B. Vögel, Pflanzen, Muscheln, Palmetten – werden naturgetreuer wiedergegeben. Die meist auf kreuzschraffiertem Untergrund aufgebrachte Ornamentierung ist kleiner, aber lebhafter. Gegen Ende der Stilperiode beginnt das Dekor an Ecken und Mittelbereichen der Leisten häufig auszukragen.

Oben links: Stil Louis treize – die Verzierungen liegen innerhalb des Rahmens.

Unten links: Baguetterahmen im Stil Louis quatorze mit kreuzschraffiertem Untergrund.

Links: Plastisch herausgearbeitete Blattmotive auf einem frühen Louis-quatorze-Rahmen.

Rechts: Dieser Louis-seize-Rahmen mit scharfkantigem Band und architektonischen Verzierungen weist bereits auf den einfacheren klassizistischen Rahmenstil voraus.

Unten: Die kunstvolle Kartuschenecke ist typisch für den Rokokostil zur Zeit Ludwigs XV.

Oben: Prunkvolles Mittelstück eines späten Louis-quatorze-Rahmens im Régencestil. Die Ornamentierung greift über den Rahmen hinaus.

STIL LOUIS QUINZE (1715–1774)

Ergebnisse eines Stilwandels, der Anfang des 18. Jahrhunderts begann und zu fließenden, oft asymmetrischen Formen führte, werden unter der Bezeichnung Régence zusammengefaßt. Die Kartuschenverzierungen an Ecken und Mittelbereichen der Leisten treten stärker hervor. Geschnitzte Ornamente scheinen über die Leisten hinauszuwachsen. Ihr architektonischer Ursprung ist kaum noch zu erkennen.

STIL LOUIS SEIZE (1774–1792)

Gegenreaktion auf den Rokokostil und Rückkehr zu klaren Linien. Statt Pflanzendekor eher »klassische« Linienführung.

Rechts: Baguetterahmen im Stil Louis seize aus vergoldetem Holzschnitzwerk mit schlichten Verzierungen.

Rechts: Original-Spiegelrahmen im Stil Louis seize. Die einfache Leiste ist charakteristisch für die gegen Ende des 18. Jahrhunderts aufkommende klassisch-architektonische Linienführung.

Unten: Kopie eines frühen Louis-quinze-Rahmens mit vergoldeter Holzschnitzerei und der für die Zeit typischen wellenförmigen Linienführung.

Hintergrundillustration: Blumenornamente und geschwungene Sichtkanten sind charakteristisch für Rokokorahmen im Stil Louis quinze.

Rechts: Der unvergoldete Rahmen dieses Bildnisses, das einen Dekan namens Swift zeigt, ist längst nicht so prunkvoll gestaltet wie die Rahmen von Grinling Gibbons, enthält aber alle typischen Elemente der Mitte des 17. Jahrhunderts populären Porträtrahmen. Sie verweisen auf Eigenschaften des Porträtierten und erlauben den Schnitzern die volle Entfaltung ihres Könnens.

Unten: Die Lindenholzrahmen in Petworth House (Sussex, England) zeugen von der Virtuosität des Künstlers Grinling Gibbons.

DIE ENTWICKLUNG IN ENGLAND

In Großbritannien entstanden im 17. Jahrhundert interessante Varianten kontinentaler Rahmenstile. Bis dahin waren die englischen Rahmen grundsätzlich flach und schwarz gestrichen und hatten abgeschrägte Innenprofile. Ecken und Platten (die flachen Mittelbereiche von Plattenrahmen) trugen Verzierungen und teils auch Ornamente im italienischen Stil. Unter Karl I. zeigten sich bildende und darstellende Künste fremden Einflüssen gegenüber aufgeschlossen und gewann das Mäzenatentum an Bedeutung. Königshaus und Adel pflegten eine Vorliebe für kunstvoll vergoldete Rahmen, die stilbildend wurden und von denen viele auf dem venezianischen Sansovino-Modell beruhten. Ebenso bedeutsam waren die Rahmen mit Ohrmuschelornamentik und charakteristischen Pflanzenmotiven, die im Mittelbereich der oberen und unteren Rahmenleisten mit maskenhaften Löwenköpfen und grotesken menschlichen Gesichtern durchsetzt waren.

Im Verlauf des von politischen und künstlerischen Umwälzungen geprägten Jahrhunderts wurde die englische Kunst – insbesondere nachdem Wilhelm von Oranien den Thron bestiegen hatte – mal mehr von französischen, mal mehr von niederländischen Stilen beeinflußt. Der Sunderland-Rahmen, nach dem Herzog von Sunderland benannt, weist sowohl die historisch ältere Ohrmuschelornamentik als auch das barock ausladende Schnitzwerk des zeitgenössischen holländischen Lutma-Rahmens auf. Der nach dem Künstler Sir Peter Lely (1618–1680) benannte Lely-Rahmen wurde eigens für die Gemäldegalerie König Karls II. in Windsor kreiert.

Einen Höhepunkt erreichte die Rahmenkunst im 17. Jahrhundert mit den Arbeiten des virtuosen Bildhauers und Holzschnitzers Grinling Gibbons (1648–1721). Der in Rotterdam geborene Künstler ging 1672 nach England, wurde dort Karl II. vorgestellt und zum königlichen Meisterschnitzer ernannt. Er fertigte die Schnitzereien für die Innenausstattungen verschiedener Königsschlösser und arbeitete für Sir Christopher Wren in Schloß Hampton Court, wo er Gesimse, Türumrandungen und Kaminaufsätze gestaltete. Außerdem schuf er eine Vielzahl prunkvoll verzierter Rahmen: Die überaus plastisch wirkenden Früchte-, Blätter- und Blütengirlanden wachsen förmlich aus der breiten Platte heraus.

Anfang des 18. Jahrhunderts unterlag die Rahmengestaltung in ganz Europa vor allem französischem Einfluß. Auch wenn bekannte Künstler wie z.B. der Baumeister William Kent

(1685–1748) eigene Entwürfe schufen, dominierten doch Stilmerkmale des zeitgenössischen Régence und Rokoko. Auch in England erreichte die Vorliebe für Umrahmungen mit raumgestaltender Wirkung nun ihren Höhepunkt – Wandvertäfelungen, Möbel, Bilder und Rahmen verschmolzen zu einer Einheit.

Der Kunsttischler Thomas Chippendale (1718–1779) hatte ein ausgeprägtes Interesse an chinesischer Kunst und ließ Bambusimitationen, stilisierte Vogelkäfige und Felsformationen in seine Schnitzereien einfließen. Seine Bilderrahmen wirken überaus filigran. An seinem Werk läßt sich die Entwicklung vom anmutig-süßlichen Rokoko zum sachlichen Klassizismus, die Mitte des 18. Jahrhunderts stattfand, hervorragend nachvollziehen. Seine Schrift *Gentleman and Cabinet Maker's Director* (1754) enthält eine Fülle von Möbelillustrationen mit exotischen Motiven und geschweiften Linien. In der überarbeiteten dritten Auflage von 1762 finden sich dann bereits deutliche Hinweise auf die klassizistische Stilrichtung.

Viele junge Engländer, die sich für die klassische Antike interessierten, zog es nach Rom, so auch den Architekten Robert Adam (1728–1792). Nach seiner Rückkehr baute er nur noch im klassizistischen Stil und folgte auch bei der Innenraumgestaltung klassizistischen Prinzipien. Für Sir Joshua Reynolds (1723–1792) und andere moderne Künstler gewann im Zuge der »Versachlichung« der klassische Carlo-Maratta-Rahmen wieder an Bedeutung. Auf Wunsch ihrer Kunden verwendeten sie jedoch auch vereinfachte Rokokorahmen.

***Oben links:** In Kedleston Hall (Derbyshire, England) ist eines der schönsten von Robert Adam gestalteten Interieurs zu bewundern. Adam wählte die Rahmen passend zu Ausstattung und Mobiliar. Kaminsimse, Beistelltische, Spiegel und Bilder bilden ein Gesamtkunstwerk.*

***Oben rechts:** Dieser Rahmen aus dem 17. Jahrhundert war ursprünglich vermutlich vergoldet. Ende des 19. Jahrhunderts wurde er – wahrscheinlich anläßlich eines Todesfalls – schwarz gestrichen. Nach dem Ablösen der schwarzen Farbe kam dann das feine Schnitzwerk zum Vorschein.*

***Rechts:** Dieses Porträt (Graf und Gräfin von Essex) ist mit einem Sunderland-Rahmen eingefaßt. Die vergoldete Barockschnitzerei gehört deutlich einer anderen Zeit an als der etwa hundert Jahre später entstandene schlichtere Adam-Rahmen.*

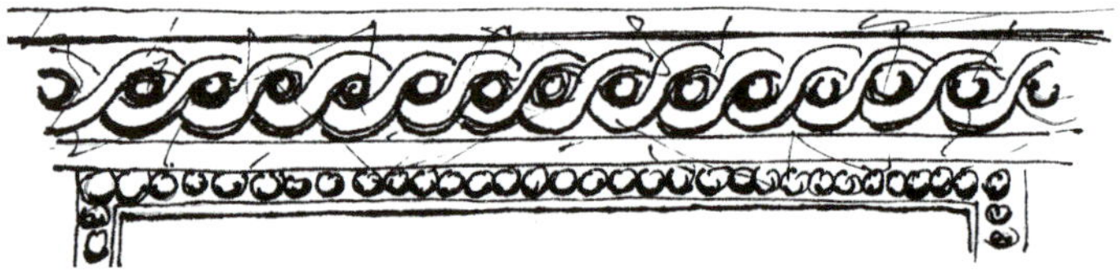

Oben: Das Guillochemuster aus ineinandergreifenden Spiralen bildet ein Endlosband. Aus Italien stammend, erfreute es sich v.a. im England des 18. Jahrhunderts großer Beliebtheit.

RESTAURATION (1660–1685)

Karl II. pflegte seit seiner Rückkehr aus dem französischen und holländischen Exil eine Vorliebe für die Kunststile des Kontinents. Der typischste Vertreter dieser Stilrichtungen in England war wohl Grinling Gibbons. Im Werk dieses virtuosen Holzschnitzers finden sich Barockmotive, Trophäen und Engel. Der Lely- und der Kneller-Rahmen stammen aus derselben Zeit, sind in puncto Ornamentierung jedoch viel zurückhaltender.

PALLADIANISMUS

Ein von dem italienischen Baumeister und Architekturtheoretiker Andrea Palladio (1508–1580) geprägter Stil, der ausschließlich auf der römischen Antike basiert. Entscheidend war die Auseinandersetzung mit dem römi-

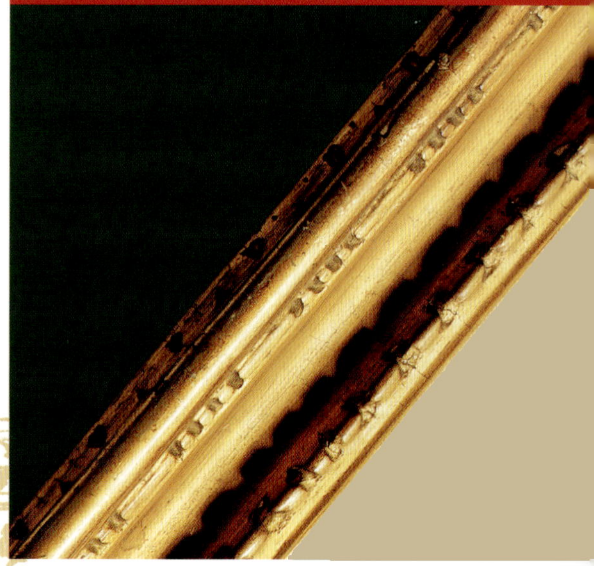

Links: Ein Kent-Rahmen mit gesandeltem Mittelbereich und Rosetten an den oberen Ecken.

Hintergrundillustration: Kontur des Kent-Rahmens, der 1733 für die Kit-Kat-Club-Porträts von Sir Godfrey Kneller (1649–1723) entworfen und geschnitzt wurde.

Links: Eine vergoldete Variante des Lely-Rahmens mit Schnitzereien auf unbestimmtem Hintergrund.

Oben rechts: Geschnitzter Lely-Leistenrahmen: Die polierten Leisten betonen die umlaufende Blattverzierung.

Rechts Mitte: Geschnitzter und vergoldeter Holzrahmen im Chippendale-Stil mit typischen Rokoko-Wellenlinien.

Rechts: Englische Porträtmaler bevorzugten den klassizistischen Standardrahmen im Carlo-Maratta- oder Salvatore-Rosa-Stil.

schen Architekten und Kunsttheoretiker Vitruv. Im frühen 17. Jahrhundert brachte Inigo Jones (1573–1652) Stilelemente des Palladianismus nach England. Die Wiederbelebung dieser Stilrichtung und ihre Ausdehnung auf Innenräume und Mobiliar Anfang des 18. Jahrhunderts ist Lord Burlington zu verdanken. Sein »Schützling« William Kent ist der bekannteste Vertreter des Palladianismus in England.

CHIPPENDALE

Thomas Chippendale war ein bekannter Kunsttischler. Der nach ihm benannte Stil bündelte britische Stilrichtungen unter Einbeziehung der Chinoiserie und neugotischer Elemente aus den 1740er und 1750er Jahren. Auf dem Chippendale-Stil basiert der von Robert Adam in den späten 1760er Jahren geprägte englische Neoklassizismus (Adam-Stil).

Oben: Der Hogarth-Rahmen besteht in der Regel aus einem schwarzen Außenrahmen mit vergoldetem Innenprofil und wurde oft für Drucke verwendet.

Oben links: Geschnitzter und vergoldeter Holzrahmen aus dem späten 17. Jahrhundert.

Oben Mitte: Vergoldeter Kneller-Rahmen mit Eichenblattverzierungen und Lilienmotiv im oberen Mittelbereich.

Ganz rechts: Vergoldeter Ovalrahmen mit dezentem Schnitzwerk. Solche Rahmen wurden meist für Porträts verwendet.

Hintergrundillustration: Kontur eines Kent-Rahmens aus dem 18. Jahrhundert mit Übereckdesign.

KLASSIZISMUS, EMPIRE, REGENCY

Rechts: Typisch klassizistischer Rahmen mit klarer Linienführung, einfachem Schmuckmotiv an der Sichtleiste und einer kunstvoll geschnitzten dekorativen Schleife als Blickfang um ein Gemälde der Französischen Schule.

Unten: Der Salon von Château de Canon (Normandie, Frankreich). Harmonische Kombination von furnierten und vergoldeten Möbeln im Stil Louis seize mit Familienporträts aus derselben Epoche.

Unter »Klassizismus« versteht man in den bildenden und dekorativen Künsten die Stilrichtung, die sich an den pompösen Barock und das verspielte Rokoko anschloß. Sie nahm Mitte des 18. Jahrhunderts ihren Anfang in Rom, nachdem 1711 die römische Ruinenstadt Herculaneum und 1748 Pompeji entdeckt worden waren. Der neue Stil verbreitete sich rasch und inspirierte Künstler und Handwerker in ganz Europa. So orientierte man sich sowohl in der Rahmenkunst als auch in den dekorativen Künsten an der klassischen, v.a. griechischen Antike, wobei man auf jegliche stilistische Übertreibung verzichtete und statt dessen Wert auf möglichst authentische Detailwiedergabe legte. Obwohl es den klassizistischen Rahmen nicht gibt, weisen Bildeinfassungen aus der zweiten Hälfte des 18. Jahrhunderts trotz großer stilistischer Unterschiede immer auch klassizistische Details auf. Nach und nach setzte sich als gestalterisches Grundprinzip dann die klare Gliederung und Konturierung durch. Charakteristisch sind einfaches Guilloche-Gitterwerk an den Leisten, Hohlkehlprofile mit Band oder Rundstab, fortlaufende Lorbeerblattmuster, einfache, an den Ecken aufgesetzte Rosettendetails oder Kannelierungen. Platten und Leisten boten Raum für stilisierte Blumengewinde, Vögel und andere Tiere, die verschlungen angeordnet und durch (häufig seitlich herabhängende) geschnitzte Girlanden und Bänder zusammengehalten wurden.

Im Laufe der Zeit wurde formale Klarheit als künstlerisches Prinzip immer wichtiger, was bei Möbeln, aber auch bei Bilderrahmen zur Vereinfachung der Konturen führte. Da Rahmen jedoch nach wie vor meist vergoldet wurden, läßt sich an ihnen die formale Reduktion oft nur schwer erkennen. Das Gold verdeckt sowohl die architektonischen Linien als auch die relativ einfache, noch immer von der Antike inspirierte Ornamentik. Der neue Formalismus läßt sich daher besser an Holzrahmen und furnierten Rahmen mit auf- oder eingelegten Verzierungen beobachten.

Im Reichsstil Napoleons I., dem französischen Empire, gesellten sich als Folge von Napoleons Ägyptenfeldzug ägyptische Motive zu den altgriechischen Formen. Von besonderer Bedeutung ist in diesem Zusammenhang das berühmte, 1802 in Paris und London veröffentlichte Werk *Voyage dans la Basse et Haute-Egypte* des Archäologen und Stechers Vivant Denon. Seine Entwürfe sollten zur wichtigsten Inspirationsquelle für

Empirekünstler werden. Dekorative Elemente wie Lotusblätter, Palmzweige, Chimären, Sphinxe und andere orientalische Symbole prägen den Empirestil.

Obwohl auch England von der Ägyptomanie erfaßt wurde und der Geschmack der während der Französischen Revolution eingewanderten Handwerker seine Spuren hinterließ, blieb der heute als Regency bezeichnete Stil relativ eigenständig. Thomas Sheraton (1751–1806) verfaßte, wie bereits Chippendale vor ihm, ein Lexikon der Kunsttischlerei, in dem er die vielen Strömungen des Regencystils zusammenfaßte. In seiner mehrbändigen, zwischen 1804 und 1806 veröffentlichten *Cabinet Maker, Upholsterer and General Artist's Encyclopedia* ging er als einer der ersten Engländer auf die ägyptische Kunst ein, die Künstler und Gestalter stark beeinflussen sollte.

Oben: Ein geschnitzter und vergoldeter Original-Ovalrahmen faßt dieses Büstenporträt von einem Mann in Marineuniform ein. Britische Schule, um 1770.

Oben: Porträt von Frans van der Mijn (1719–1783), der enge Kontakte mit England unterhielt. Er malte das Bild im Jahr 1750, der Rahmen entstand erst Ende des 18. Jahrhunderts.

Unten: Dieses Eckdetail des oben rechts abgebildeten Porträts von Frans van der Mijn zeigt, daß man durch die Reduktion von Stilelementen vergangener Epochen oft sehr elegante Rahmen erhielt. Sie wurden v.a. für Gemälde gewählt, die im häuslichen Bereich ihren Platz fanden.

Oben: Brustbildnis eines französischen Jungen (Mitte des 19. Jahrhunderts) mit Empirerahmen. Von Anfang bis Mitte des 19. Jahrhunderts wurden mit Bilderrahmen aus Stuck oder Compo (eine Mischung aus Schlämmkreide, Harz und Leim) frühere Stile nachgeahmt.

KLASSIZISMUS (um 1770–1830)

In der zweiten Hälfte des 18. Jahrhunderts erwachte das Interesse an der klassischen Antike erneut. Die anmutige Verspieltheit des Rokoko wich klaren Linien und klassischen Dekorationen. Auch die Rahmen wurden schlichter, linearer, architektonischer. Als Verzierungen dienten fein geschnitzte Blumenmuster, Bänder und Auskehlungen. Der obere Rahmenbereich wurde mit Schmuckmotiven klassischer Herkunft betont. Diese schlichten Rahmen lenken die Aufmerksamkeit der Betrachter auf die porträtierte Person.

Oben links: Geschnitzter Regency-Ovalrahmen mit Kerbschnitt an der Oberkante und perlschnurförmiger Sichtkante.

Oben: Anthemion- und Rosettenverzierung an einem Empire-Hohlkehlrahmen.

Rechts: Regencyrahmen mit Zungenornament an der Sichtkante.

Links Mitte: Regencyrahmen mit Hohlkehlprofil, kannelierter, von Rosettenmotiven durchsetzter Leiste und gedrehtem Bandmuster.

Links: Einfacher Goldrahmen im Regencystil mit Kehlung.

Spätklassizistische französische Urnenschnitzverzierung an einfachem Rahmen.

EMPIRE (1804–1814)

In Frankreich mündete der schmucklose Dekorationsstil, der Directoire, während der Herrschaft Napoleons I. in den Empirestil, der in ganz Europa Nachahmer fand. Charakteristisch ist die einfache Linienführung unter Einbeziehung vieler klassischer und ägyptisierender Grundmotive.

REGENCY (1811–1820)

Das englische Pendant zum Empire ist der im Spätklassizismus wurzelnde Regencystil. Er vereint griechische, römische, gotische und ägyptische Motive mit Stilelementen des Rokoko.

Oben Mitte: Louis-seize-Rahmen mit bekrönender Bandverzierung. Lorbeerblatt- und Beerengirlande vor Kehle mit Pfeifenschnitt.

Oben rechts: Vergoldeter Regency-Hohlkehlrahmen mit fortlaufendem Lorbeerblattmuster und Perlschnurverzierung.

Hintergrundillustration: Louis-seize-Rahmen mit architektonischer Linienführung. Die Ornamentierung ist auf den oberen Rahmenbereich beschränkt.

Rechts: Vergoldeter Regencyrahmen mit Hohlkehle und Perlstab-Innenprofil.

AMERIKA

Zu Beginn der Kolonialzeit ließen die meist armen Siedler nur sehr einfache Rahmen anfertigen – oft aus Fenstern oder Türen –, deren Leisten schwarz gestrichen wurden. Im Laufe der Zeit wuchsen dann nicht nur die Städte, sondern auch der Wohlstand, so daß Luxusgegenstände wie Gemälde und elegantes Mobiliar auch in Amerika Einzug hielten.

Ab Mitte des 18. Jahrhunderts entwickelte sich die amerikanische Rahmenkunst in zwei Richtungen. Da sowohl Möbel und Rahmen als auch Musterbücher aus Europa, speziell aus England und Frankreich, importiert wurden, kopierte man zunächst die gängigen europäischen Stile – anfangs recht unbeholfen, dann zunehmend gekonnter. Ende des Jahrhunderts erlangten die Rahmenbauer bereits den Status eigenständiger Kunsthandwerker. Meist handelte es sich um Spiegelmacher, die Rahmen für Porträts herstellten und kunstvolle Möbelschnitzereien anfertigten. Allmählich »versachlichten« sie die europäischen Stile, um sie dem eher nüchternen amerikanischen Geschmack anzupassen. Die meisten Rahmen aus dieser Zeit sind aus der dort heimischen Kiefer gefertigt, die sich hervorragend bearbeiten läßt und sehr haltbare Ergebnisse liefert.

Oben: Der Fraktur-Raum im Winterthur-Museum in Delaware mit einer Auswahl altamerikanischer Bilder in passendem Interieur. Die schablonierte Raumdekoration und der Essiganstrich wirken wohltuend schlicht.

Links: Zu Beginn der Kolonialzeit griffen amerikanische Rahmenhersteller oft auf Fensterleisten zurück – so vielleicht auch bei der Fertigung dieses schwarz gestrichenen, relativ groben Rahmens. Er wirkt im Vergleich zum Bild sehr kompakt.

Zu den bekanntesten amerikanischen Rahmenbauern gehören James Reynolds aus Philadelphia, ein großartiger Schnitzer und Vergolder des ausgehenden 18. Jahrhunderts, und der zu Beginn des 19. Jahrhunderts ebenfalls in Philadelphia wirkende Charles Robinson. Einige Maler griffen auf Rahmen zurück, die in Europa gerade en vogue waren, so z.B. John Singleton Copley (1738–1815), der kunstvoll geschnitzte, vergoldete Rokokorahmen mit offenen Eckbereichen und blumenverzierten Mittelteilen bevorzugte. Auch John Wollaston, ein sehr produktiver Kolonialmaler, wird mit einem speziellen, von der europäischen Kunst inspirierten Rahmentyp mit filigranen offenen Eckbereichen und kreuzschraffierten Platten in Verbindung gebracht.

Einige Rahmenbauer setzten sich jedoch von ihren modebewußten Kollegen in Philadelphia und Charleston, deren anspruchsvolle Kunden europäisch beeinflußte Kreationen wünschten, ab. Diese Nonkonformisten leisteten vermutlich den bedeutsameren Beitrag zur nordamerikanischen Rahmenkunst: Sie fertigten Rahmen aus einfachen flachen Kiefernholzleisten, die schwarz gestrichen wurden, sowie unverzierte Rahmen aus Ahorn und Obstbaumhölzern und Rahmen mit aufgemalten Furnierholzimitaten. Viele spätere Rahmenbauer orientierten sich an den Entwürfen dieser

Künstler, die von europäischen Modetendenzen offenbar unberührt blieben.

Manche Rahmenhersteller ließen sich auch von den Gemälden, die sie einfassen sollten, inspirieren und schnitzten entweder Bilddetails nach oder übertrugen sie mittels Schablonen auf den Rahmen. Auch Elemente aus dem Bereich der Handarbeit wie z.B. die sogenannte kreuzstichartige Eckverzierung flossen in ihre Arbeiten ein. Zahlreiche Kaminsimse und Türen aus dem 18. Jahrhundert sind mit solchen Elementen geschmückt.

Viele Rahmenstile wurden nicht nach den Rahmenbauern, sondern nach den Malern benannt, die eine Vorliebe für bestimmte Rahmentypen hatten. So verknüpft man mit dem nach Thomas Sully (1783–1872) benannten Sully-Stil meist breite Goldrahmen mit einfach abgeschrägter Platte und erhabenem Außenprofil. Das Rahmeninnere enthält oft einen breiten vergoldeten Einsatz mit runder oder ovaler Öffnung für ein Miniaturporträt. Der durch Edward Hicks (1780–1849) bekanntgewordene, zwischen 1820 und 1850 weitverbreitete Hicks-Rahmen hat Eckplatten und wurde oft mit Hilfe von Schablonen dekorativ bemalt. Diese Verzierungen ähneln bestimmten Möbeldekors. Auch der Limner-Rahmen war populär; zwischen 1750 und 1850 bevorzugte v.a. die ländliche

Oben: Die beiden 1819 entstandenen Aquarelle (Mrs. und Mr. Lott) haben flache Rahmen mit Furnier aus Vogelaugenahorn, die oben jeweils mit einem ausgeschnittenen Fischschwanz und einem Intarsienherz geschmückt sind. Solche Rahmen aus leicht erhältlichen, preiswerten Materialien zeugen von der Originalität der frühamerikanischen Rahmenkunst.

Rechts: Ein einfacher Rahmen mit Vergoldung auf rotem Bolus faßt das Porträt eines kleinen Mädchens aus dem frühen 19. Jahrhundert ein.

Rechts: Verschlungene Weinreben zieren den Rahmen dieser Ansicht von Eagle Mills (New York). Es handelt sich vermutlich um eine Arbeit des amerikanischen Künstlers Thomas Wilson (etwa 1811–1877), der auch Kutschenmaler war. Das Rankenwerk ist gekonnt gestaltet und spiegelt die damalige Vorliebe der Nordamerikaner für schablonierte oder freihändig gemalte Dekorationen.

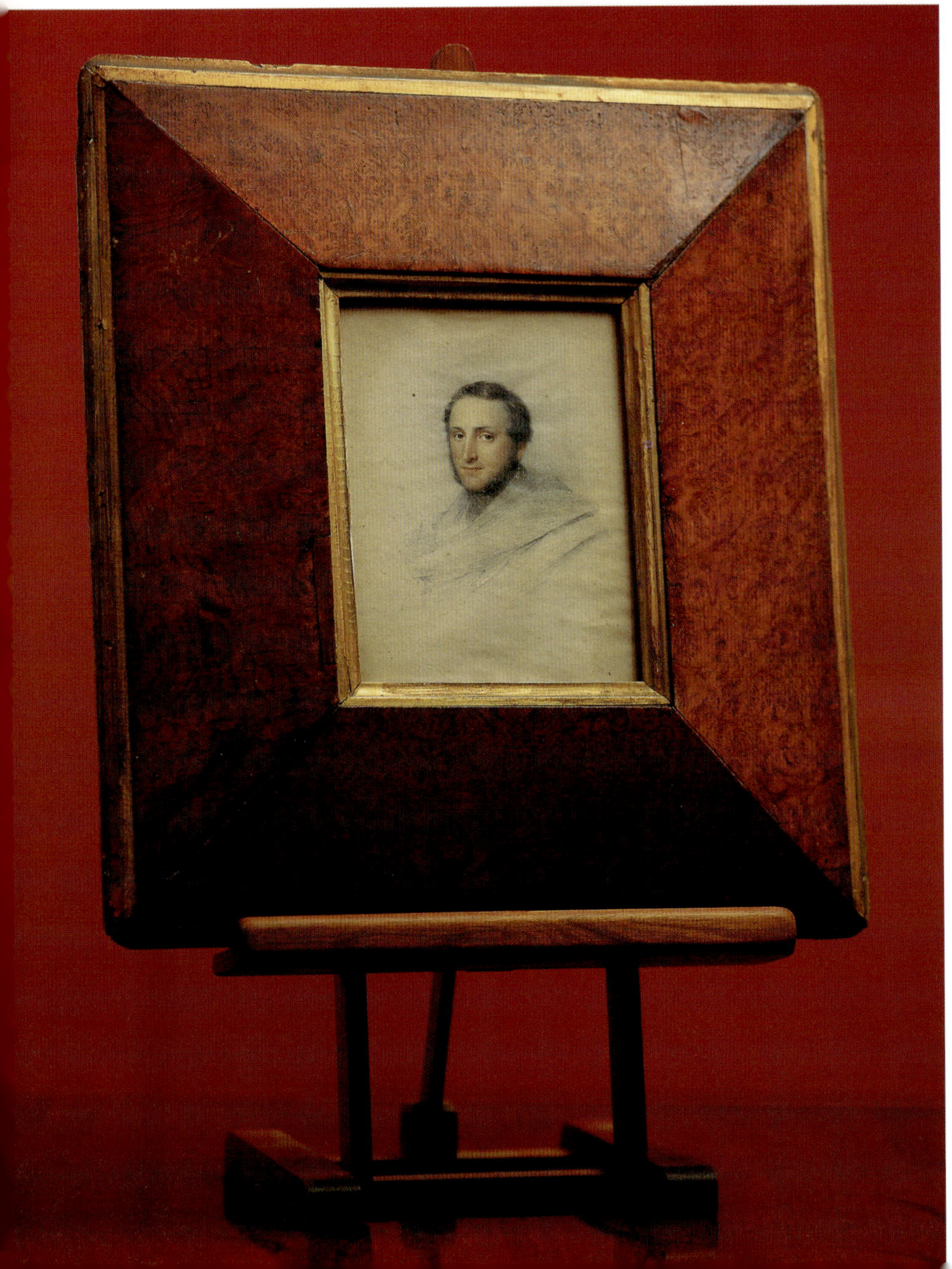

Links: Der einfache, aber elegante Rahmen dieses Aquarells (19. Jahrhundert) zeugt von der Erfindungsgabe der Rahmenhersteller, denen nur eine begrenzte Auswahl an Leisten zur Verfügung stand. Das gemusterte Furnier wird von vergoldeten Leisten eingefaßt.

Oben: Der Amerikaner Edward Hicks war nicht nur Wanderprediger, sondern auch ein talentierter Dekorationsmaler. Wie diese beiden Beispiele zeigen, brachte er auf den Bilderrahmen häufig Inschriften und auffallende würfelförmige Eckornamente an.

Bevölkerung Amerikas diese Variante des flachen, unverzierten schwarzen Rahmens mit Kehlung und vergoldetem Innen- und Außenprofil für die Einfassung von Porträts. Naive Maler hingegen griffen zu Rahmen, die ebenso individuell sind wie ihre Bilder. Moderne Rahmenbauer orientieren sich an all diesen Stilen, ob sie alte oder neue Werke oder dekorative Drucke einzufassen haben.

Ende des 19. Jahrhunderts gab der amerikanische Maler James Abbott McNeill Whistler (1834–1903) dem europäischen Rahmenhandwerk entscheidende Impulse. Für Whistler waren Gemälde und Rahmen Teil eines ästhetischen Gesamtkonzepts, das den Raum und dessen Ausstattung einschloß. Dem Kunstsammler George A. Lucas versicherte er, daß er seine Rahmen ebenso sorgfältig entworfen habe wie seine Bilder, denn sie seien ebenso wichtig wie diese und trügen entscheidend zu einem harmonischen Gesamteindruck bei. In dieser Äußerung spiegelt sich die im Fin de siècle ausgeprägte Neigung, die verschiedenen Aspekte der Innenraumgestaltung zusammenzuführen. In stilistischer Hinsicht spielte dabei die Leidenschaft für alles Japanische eine herausragende Rolle.

Whistler entwickelte drei Rahmenstile: zunächst einen Rahmen mit flachem Profil, das mit abstrakten chinesischen und japanischen Ornamenten und Mustern in Flachrelief verziert wurde. Dann einen Rahmen aus zart geriffelten Leisten, die so mit japanischen Motiven bemalt wurden, daß sie farblich mit dem Gemälde harmonierten. Und schließlich einen Rahmen mit Innenschräge und relativ kräftig geriffelten Rahmenleisten. Interessant ist, daß Whistler seine Rahmen von denselben Rahmenbauern herstellen ließ, die auch für präraphaelitische Maler wie William Holman Hunt (1827–1910) und Dante Gabriel Rossetti (1828–1882) arbeiteten. Auf Rossettis wie auf Whistlers Rahmen sieht man häufig auf das Bild gerichtete Punkt-Pfeil-Motive. Der Schmetterling, Whistlers Markenzeichen, mit dem er viele seine Gemälde »signierte«, erschien 1871 erstmals auch, in Rot, auf der linken Rahmenseite seines Bildes *Variations in violet and green* (Variationen in Violett und Grün). Auch das stilisierte Fischschuppen- oder Wellenmuster, das auf dem Rahmen des berühmten Werks *Old Battersea Bridge* (Die alte Brücke von Battersea) zu sehen ist, gehörte zu seinen bevorzugten Ziermotiven.

Stanford White (1853–1901), Architekt und Designer, mischte sich unter die Reichen und Mächtigen Amerikas. Seine Rahmen vereinen klassisch-architektonische Details und kraftvolle Formen. Sie wurden patentiert und nach seinem Tod von der Newcomb-Macklin Company reproduziert.

Oben: Anders als die »weltabgewandten« Hicks-Rahmen oder schlichte, elegante Ahornrahmen ist das Dekorationsprogramm dieses Raumes in Mount Vernon (Virginia) dem europäischen Klassizismus nachempfunden, der in den 1820er Jahren bei den reichen Amerikanern in Mode war. Die hellgestrichene Holzvertäfelung bildet eine prachtvolle Kulisse für Kunstwerke.

Links: Am Rahmen von Whistlers Gemälde Variations in violet and green *(Variationen in Violett und Grün) läßt sich erkennen, wie überaus sorgfältig der Künstler seine Entwürfe plante. Die berühmte Schmetterlingssignatur ist links oben auf der Rahmenplatte zu sehen.*

Links: Porträt des Komponisten Robert Schumann von J. F. Klima (1839) in einem sachlichen Furnierrahmen mit hell eingefaßtem Innen- und Außenprofil. Während des 19. Jahrhunderts furnierte man Rahmen gerne mit verschiedenfarbigen Hölzern, um optische Akzente zu setzen.

Oben: Diese Stiche erzählen die Geschichte Wilhelm Tells. Sie sind mit original schwedischen Biedermeierrahmen aus Birkenholz eingefaßt. Die Eckbereiche aus Ebenholz tragen Messingrosetten. Drucke kommen in solchen Rahmen besonders gut zur Geltung.

Unten: Ein reichverzierter vergoldeter Standardrahmen (Mitte 19. Jahrhundert) aus Compo schmückt das Bildnis eines Schülers von Franz Xaver Winterhalter. Obwohl das Bild rechteckig ist, wurde es mit einem Spandrillerahmen eingefaßt, was damals gang und gäbe war.

DEUTSCHLAND UND SKANDINAVIEN

In Deutschland blieb der Klassizismus bis in die späten 1820er und 1830er Jahre hinein stilprägend. Der klassizistische Baumeister Karl Friedrich Schinkel (1781–1841) hatte nicht nur maßgeblichen Einfluß auf die Baukunst jener Zeit, sondern auch auf die Interieurgestaltung von Schlössern und öffentlichen Gebäuden. Mit seinem preußisch-aristokratischen Stil löste er sich stärker als seine französischen und englischen Kollegen von den antiken Vorbildern. Er entwickelte den Schinkel-Rahmen, dessen einfache konkave Leisten an den Längsseiten mit Palmettenmustern und an den Eckbereichen mit Blattornamenten verziert sind.

In Süddeutschland gewannen Empire- und Regencystil einen relativ großen Einfluß. Der aufstrebende Mittelstand verlangte zunehmend nach einfachem, praktischem Mobiliar, so daß sich aus dem strengen Empirestil allmählich ein bürgerlicher Stil entwickelte – das Biedermeier. Einfachheit war Trumpf: Mehr und mehr verzichtete man auf aufwendige Bronze- und Goldverzierungen. Statt dessen kamen polierte naturbelassene Hölzer in Mode, speziell die hellen heimischen Obstbaumhölzer, die mit Verzierungen aus Ebenholz oder schwarz gebeizten Obstbaumholz-Intarsien versehen wurden. In dieser Form erscheinen Empiremotive nun auch auf Rahmen.

Auch Skandinavien wurde vom napoleonischen Empire beeinflußt. Man denke nur an die schwedischen Paläste mit ihrem großartigen Mobiliar, den aufwendigen Dekorationen und Rahmen. Da Schweden sich während der Napoleonischen Kriege Frankreich gegenüber loyal verhielt und mit dem späteren Begründer der Bernadotte-Dynastie, Graf Bernadotte, sogar einen Marschall Napoleons zum Kronprinzen wählte, findet man dort einen fast rein französischen Empirestil. In Dänemark setzte sich hingegen eine dem Biedermeier nicht unähnliche Form des Empire durch.

Da Mahagoni während der Kriege nur schwer zu bekommen war, griffen die Skandinavier, wie auch die Deutschen, auf die helleren heimischen Hölzer Erle, Ahorn, Esche und Birke zurück, die meist auch als Ersatz für Satinholz dienten. In diese Rahmenhölzer wurden dann Muster und Motive aus dunklerem Holz eingearbeitet. Solche Intarsien ersetzten zunächst lediglich die im französischen Empire so beliebten Goldbronze- und Goldornamentierungen. Bald jedoch etablierte sich die »Kunst des Einlegens« als eigenständiges Dekorationsverfahren.

Oben: Haus Skokloster bei Stockholm wurde Mitte des 17. Jahrhunderts für den Oberbefehlshaber der schwedischen Flotte, Gustav Wrangel, erbaut. Rahmen und Interieur zeugen von der Vorliebe der schwedischen Aristokratie für den französischen Stil. Tür- und Sockelbemalung hingegen sind der Volkskunst abgeschaut.

Rechts: Die Essigmalereien in Schloß Gripsholm (Schweden) bilden einen eigenwilligen Hintergrund für den ovalen Goldrahmen über der Tür. Der schmucklose, rechts ins Bild ragende Rahmen aus Obstbaumholz paßt hingegen gut zu dem typisch skandinavischen Dekorationsstil.

DAS 19. JAHRHUNDERT

Die europäischen und nordamerikanischen Rahmenmoden unterschieden sich Mitte bis Ende des 19. Jahrhunderts in ästhetischer Hinsicht kaum voneinander, sieht man einmal davon ab, daß der naiven Kunst in Amerika mehr Wohlwollen entgegengebracht wurde. Die im 19. Jahrhundert aufgekommenen Methoden der Massenproduktion – z.B. auch von Stuckgipsornamenten – ebneten den Weg für eklektizistisch vorgehende Rahmenbauer und beschleunigten zugleich den Verfall des originären Handwerks. Die Künstler malten jetzt für die Mittelschicht, und professionelle Kunsthändler übernahmen mehr und mehr den Verkauf der Bilder und wirkten dadurch stimulierend auf den expandierenden Kunstmarkt. Die Rahmenbauer reagierten auf die Nachfrage ihrer auf ästhetischem Gebiet meist konservativen Kundschaft, indem sie billige Kopien z.B. von Louis-treize- und Louis-quatorze-Rahmen oder des sogenannten Barbizon-Rahmens herstellten. Mit letzterem, einem breiten, soliden Rahmen, faßte man vorzugsweise Landschaftsgemälde ein, da er ihnen einen Anschein von Bedeutung verlieh. Um zögerlichen und geschmacksunsicheren Kunden die Wahl zu erleichtern, wurde das Werk so »verpackt«, daß es vertraut wirkte und sich gut in ein bürgerliches Durchschnittsinterieur einfügte. Stark vergoldete Rahmen hingegen dienten nicht zuletzt dazu, auf den Reichtum ihres Besitzers hinzuweisen.

Da Ende des 18. Jahrhunderts zahlreiche Museen und Galerien entstanden, wuchs auch die Nachfrage nach Standardrahmen. Nicht zuletzt daraus resultierte ein Trend zur Vereinheitlichung. Unter Napoleon wurden fast alle Gemälde, die im Louvre hingen, mit Empirerahmen eingefaßt. Für ein Bild von Jacques-Louis David war dies sicherlich angemessen – für ein Gemälde aus dem 17. Jahrhundert hingegen sicherlich nicht. Rahmen aus Compo (ein Gemisch aus Schlämmkreide, Harz und Leim) eigneten sich bestens für solche Massenanfertigungen, da sie billig und relativ schnell herzustellen waren.

Die Reaktion ließ nicht lange auf sich warten. In England wandte sich als erster der sozialistische Schriftsteller und Kunstgewerbler William Morris (1834–1896) gegen den Industrialismus und den Niedergang des Kunsthandwerks. Die von ihm begründete Arts-and-Crafts-Bewegung trat für eine Neubelebung mittelalterlicher Handwerkstraditionen

Oben: Beim Bau von Wightwick Manor bei Wolverhampton (Ende 19. Jahrhundert) lehnte man sich an John Ruskin und William Morris an. Hervorzuheben sind die Morris-Tapete, das präraphaelitische Porträt sowie die Zeichnung und ihr einfacher gerillter Rahmen im präraphaelitischen Stil mit Eckplatten.

Links: Dante Gabriel Rossetti, der den Rahmen für Beata Beatrix *entwarf, nahm darin das Bildthema wieder auf: Er versah die Medaillons mit Symbolen des Neuplatonismus und die Platte mit einer Inschrift.*

Rechts: Stark vergoldete und polierte Ädikularahmen erinnern an die Eingänge griechischer Tempel und verstärken die räumliche Wirkung von Gemälden – insbesondere, wenn sie speziell darauf abgestimmt sind, wie hier bei Frederick Leightons Gemälde The Bracelet *(Der Armreif).*

Unten: Diese Abendstimmung, das Werk eines Schülers von Thomas Hand, ist mit einem Rahmen eingefaßt, der aussieht, als stammte er aus dem 18. Jahrhundert. Tatsächlich wurde er im 19. Jahrhundert hergestellt. Solche massengefertigten Rahmen aus Gesso – produziert für die neue wohlhabende Mittelschicht – sind eine typische Erscheinung jener Zeit.

Rechts: Der Rahmen von May Morning on Magdalen Tower *zeigt, wie perfekt es den Präraphaeliten gelang, Metaphorik, Design und Material harmonisch aufeinander abzustimmen.*

Unten: Typische präraphaelitische Stilelemente: ein Rundstab mit Rosettendetails, eine schmale Platte und ein fortlaufendes Blattwerkmuster.

Oben: Der einzigartige Rahmen von Franz von Stucks Die Sünde *basiert unverkennbar auf dem klassischen Ädikularahmen. Auf dem Sockel moderne Scheiben und eine Inschrift.*

Rechts: Rahmendesign, Inschrift und Gemälde bilden hier eine Einheit. Die obere und untere Platte von Gustav Klimts Nuda Veritas *(1899) scheint jeweils Teil des Rahmens und nicht des Bildes zu sein. Dieser besteht jedoch lediglich aus einfachen flachen Leisten mit aufgearbeiteten Metallornamenten.*

ein und propagierte ein künstlerisches Konzept, welches das gesamte Lebensumfeld mit einbezog – von der Architektur über Möbel, Tapeten und Textilien bis hin zu Geschirr und Besteck. Bei der Gestaltung dieses Umfeldes sollten Kunst und Kunsthandwerk als gleichwertig gelten. Die präraphaelitischen Maler Ford Madox Brown (1821–1896), Edward Burne-Jones (1833–1898), Dante Gabriel Rossetti (1828–1882) und Holman Hunt (1827–1910) waren stark von Morris und seiner Bewegung beeinflußt. Auch sie ließen sich von den frühen italienischen und flämischen Meistern inspirieren und kreierten zu ihren Bildern passende Rahmen, deren Anfertigung sie überwachten; sie mußten exakt geschnitzt, mit Gesso behandelt und vergoldet werden. Viele Entwürfe orientierten sich an frühitalienischen Modellen, z.B. an Tabernakel- oder Ädikularahmen, die von Künstlern wie Burne-Jones, Frederick Leighton (1830–1896) und Lawrence Alma-Tadema (1836–1912) bevorzugt wurden. Da die »frühen« Präraphaeliten mit ihrer Malerei didaktische oder religiöse Ziele verfolgten, findet man auf den Rahmen oft recht ausführliche Inschriften, mit denen die Künstler ihrem Respekt gegenüber den alten Meistern, aber auch ihren didaktischen Grundsätzen Ausdruck verliehen.

Der Rahmen, den Holman Hunt für sein Gemälde *May Morning on Magdalen Tower* (Maimorgen auf dem Magdalen-

Unten links: Wellenlinien, wie auf den breiten angeschrägten Platten dieses Rahmens, sind ein typisches Stilmerkmal des Jugendstils. Die geschnitzte innere und äußere Zierleiste spielen auf die Glieder der Halskette an. Das Damenbildnis *stammt von Gustav Klimt.*

Rechts: Der vergoldete Rahmen aus dem 17. Jahrhundert erhielt im Jugendstil eine wellenförmige Blütengirlande.

Turm, S. 37) entwarf, wurde aus gehämmertem Kupfer angefertigt, einem von den Präraphaeliten hochgeschätzten Material. Hunt war so stolz auf seine Arbeit, daß er sie am liebsten dem Kunstkritiker John Ruskin (1819–1900) gezeigt hätte: »Ich bin sicher, sie hätte ihm sehr gefallen und ihn zu einer besseren Einschätzung der Kunst in unserem Land bewogen«.

Mit den Namen Rossetti und Ford Madox Brown verknüpft man vor allem einen Rahmen in Rundstab-Medaillon-Manier. Eine Variante dieses Typs hat zusätzlich einen äußeren gerippten Rahmen, der in Flachreliefart mit »Ornamenten in Schachbrettquadrat- oder Radform« (Rossetti) verziert ist. Die abgeschrägte Platte wurde ohne vorherigen Auftrag von Bolus vergoldet, so daß die Maserung des unbehandelten Holzes (meist Eiche) durchschimmert. Weiterentwicklungen dieses Typs weisen noch aufwendiger verzierte Medaillons oder statt gerippter Außen- und Innenseiten Rundstab und Band oder Perlstab (Astragal) und Drehstab (»Baguette«) auf. Die geschnitzten und geätzten, meist in den Medaillons enthaltenen Details sollten die Bildbotschaft unterstreichen.

Viele europäische Künstler lehnten die serienmäßig produzierten Rahmen ab und nahmen die Rahmengestaltung wieder selbst in die Hand. Dabei orientierten sie sich an der Renaissance, so z.B. der französische Symbolist Gustave Moreau (1826–1898), der häufig Tabernakelrahmen benutzte. Und der Eindruck, daß das Spätwerk Franz von Lenbachs (1836–1904) stark an die Renaissancekunst erinnert, wird nicht zuletzt durch die Rahmen unterstrichen. Lenbach stellte sowohl Sansovino- als auch Renaissancerahmen mit üppig vergoldetem und vielfach an der klassischen Antike orientiertem Schnitzwerk her. Sie entsprachen dem Zeitgeschmack und wurden von seiner Klientel sehr geschätzt. Alte Skizzen zeugen darüber hinaus von seinem Bemühen, Bild, Rahmen und Wand als eine Einheit aufzufassen.

Parallel zur Entfaltung des Impressionismus und des Neoimpressionismus in der Malerei begannen viele Jugendstilkünstler, sich in Gruppen zu organisieren und für Ideen einzutreten, die ihren Ursprung in der englischen Arts-and-Crafts-Bewegung hatten. Ein Rahmen war für sie nicht nur Bildumrandung, sondern auch ein wichtiges Element der Innenraumdekoration.

Franz von Stuck (1863–1928), Mitbegründer der Münchner Sezession, und Gustav Klimt (1862–1918), zeitweise Leiter der Wiener Secession, waren die führenden Künstler ihrer Generation und die ersten, die nicht nur eine Ausbildung als bildende Künstler, sondern auch als Designer absolviert hatten. Wie ihre Vorgänger der Arts-and-Crafts-Bewegung waren sie von der Idee durchdrungen, die Grenzen zwischen Kunst und Handwerk einzureißen. Beide Künstler schufen Rahmen, die das jeweilige Gemälde optimal ergänzen und gleichzeitig möglichst gut in die räumliche Umgebung passen sollten, kreierten aber auch solche, die einzig und allein der Bildkomposition Rechnung trugen.

Fernand Khnopff (1858–1921) studierte an der Brüsseler Akademie und war 1883 Gründungsmitglied der Fin-de-siècle-Künstlergruppe »Les XX«. Morris' Arts-and-Crafts-Bewegung, Whistler und japanische Künstler hatten ihn stark beeinflußt. Seine Rahmen aus breiten, flachen Holzleisten mit gestanzten oder geprägten Verzierungen auf Metall oder Leder fungierten manchmal als Umrahmungen und Passepartouts zugleich.

Wie viele Künstler seiner Zeit orientierte sich auch der niederländische Symbolist Jan Toorop (1858–1928) an japanischen Vorbildern. Charakteristischerweise verschmelzen in seinen Werken Gemälde und Rahmen zu einer untrennbaren Einheit, da sich das Bild jeweils auf den in der Regel breiten flachen Rahmen ausdehnt.

Nachdem Gustav Klimt im Jahr 1905 der Secession den Rücken gekehrt hatte, gab er einfacheren Rahmen den Vorzug, als ob seine Bilder Wandgemälde wären, die nur eine simple Umrandung benötigen. Möglicherweise ist Klimt als Vorläufer jener Künstler einzustufen, die später gänzlich auf Rahmen verzichteten.

DIE IMPRESSIONISTEN

Oben: Der gerippte Rahmen um Edgar Degas' Après le bain, femme s'essuyant la nuque *trägt ein mattgoldenes Finish. Degas verwendete solche Rahmen gern. Das Finish stimmte er jeweils auf die Gemäldefarben ab.*

Im Gegensatz zu Whistler und den Secessionisten interessierte die Impressionisten das Zusammenspiel von Gemälde, Rahmen und Innenraum wenig. Ihnen ging es in erster Linie darum, ihre Werke auf ihren eigenen Ausstellungen zu präsentieren – Ausstellungen, mit denen sie sich über die vom Establishment unterstützten offiziellen Salons einfach hinwegsetzten. Entsprechend gleichgültig standen sie den üppig vergoldeten Compo-Rahmen gegenüber, die Mitte des 19. Jahrhunderts beliebt waren und überwiegend für »moderne« Gemälde verwendet wurden.

Einige Künstler suchten nach Mitteln und Wegen, ihre Werke anders zu rahmen. Edgar Degas (1834–1917) und Camille Pissarro (1830–1903) z.B. erarbeiteten neue Rahmenentwürfe und reagierten recht empfindlich auf die Kritik der Händler und Kunden. Degas war dafür bekannt, daß er Kunstsammler, die es gewagt hatten, seine Rahmen zu ersetzen, verfolgte! Seine Notizbücher enthalten eine Fülle von Rahmenskizzen. Pissarro äußerte sich häufig in Briefen über farbliche und formale Details seiner Bilderrahmen. Etliche Varianten wurden ausgearbeitet. Auch wenn die Entwürfe vielfach verlorengegangen sind, läßt sich anhand der verschiedenen schriftlichen Hinweise doch gut rekonstruieren, wie die Künstler ihre Werke präsentiert sehen wollten.

Damals wie heute verknüpft man mit impressionistischen Werken den »klassischen weißen Impressionistenrahmen«, um mit dem Kritiker Felix Feneon zu sprechen, der diesen Begriff 1886 prägte. Tatsächlich handelt es sich dabei lediglich um einen nichtvergoldeten, weiß oder manchmal farbig gestalteten Louis-quinze- oder Louis-seize-Rahmen, der zum Inbegriff der Moderne wurde. Nie zuvor waren Rahmen weiß angestrichen worden – eine Neuerung, die insbesondere von Degas mit Begeisterung aufgenommen wurde. Ausschlaggebend dafür waren die Farbtheorien Chevreuls, der behauptet hatte, daß Weiß die Farben der Gemälde intensiviere und am besten reflektiere. Später gaben Degas und Pissarro mit Billigung Chevreuls statt weißen grau abgetönten Rahmen den Vorzug. Als »moderner Kompromiß« wurde von den Künstlern und ihrem Händler Paul Durand-Ruel gleichermaßen ein Rahmen mit geriffelter, meist weiß gestrichener, manchmal auch vergoldeter und polierter Außenleiste akzeptiert. Auch mit abgebeizten Schnitzrahmen konnten beide Seiten leben. Pierre Auguste Renoir (1841–1919) war vermutlich derjenige Impressionist, der am wenigsten gegen die vergoldeten, Mitte des 19. Jahrhunderts üblichen Standardrahmen im Louis-seize-Stil einzuwenden hatte. Zu seinem Stil – warme Farben, weiche Pinselführung – passen vergoldete Rahmen.

Vincent van Gogh, dem zu Lebzeiten keinerlei künstlerischer Erfolg beschieden war, maß Bilderrahmen größte Bedeutung zu. Seinem Bruder und Kommissionär Theo gegenüber deutete er an, daß auch er daran arbeite, die damals gängigen Farbtheorien miteinander in Einklang zu bringen. Wie Georges Seurat (1859–1891) malte er oft leuchtendrote Einfassungen um seine Entwürfe; als Rahmenfarbe soll auch er Weiß favorisiert haben.

Impressionistische Ölgemälde befinden sich häufig unter Bilderglas, weil die Künstler keinen Firnis benutzten. Dieser gilbt im Laufe der Zeit, so daß die Farben an Frische verlieren und die Farbwerte sich verändern.

Rechts oben: Seurat gilt als der Erfinder des Pointillismus, bei dem die Farbe mit kleinen Pinselstrichen oder Punkten auf die Leinwand – und hier auch auf die Umrandung des Gemäldes – getupft wurde. Die Außenleiste des Rahmens von Le Cirque *hat vier Rillen. Sie wurden auf weißem Bolus leicht vergoldet.*

Oben: Kopie eines von Kunsthändlern für impressionistische Gemälde bevorzugten Standardrahmens im Louis-quinze-Stil mit zurückhaltender Weißgoldapplikation. Er umrahmt Camille Pissarros Soleil couchant à Eragny (Sonnenuntergang bei Eragny).

Rechts: Eckbereich eines abgebeizten Schnitzrahmens. Solche Rahmen waren bei den Impressionisten und ihren Kunsthändlern gleichermaßen beliebt. Reste von Gesso und rotem Bolus sind noch erkennbar. Manchmal erhielten die Rahmen einen weißen Anstrich oder wurden farbig lasiert.

MASSENPRODUKTION

Im 19. Jahrhundert geriet das Rahmenhandwerk wie viele andere Handwerkszweige durch die Industrialisierung in eine Krise. Neue Verfahren ermöglichten die Herstellung von Compo-Zierleisten. Damit wurden Rahmen jeglicher Stilrichtung beliebig reproduzierbar. Für das viktorianische Heim wurden zahlreiche Rahmenvarianten in Massenproduktion hergestellt, u.a. auch eine Fülle relativ schlichter Rahmen für die Einfassung von Aquarellen und Zeichnungen, die sich zunehmender Beliebtheit erfreuten und inzwischen als eigenständige Kunstwerke anerkannt waren.

Oben links: Zwei geschwungene Rahmen aus Compo, Imitationen früherer Stile.

Oben Mitte: Zwei englische Aquarellrahmen, der eine mit Keilprofil, der andere mit Kreuzbandverzierung.

Links: Rundbogenrahmen mit Rankenwerk aus Blüten und Blättern (Frankreich, Ende 19. Jahrhundert).

Oben: Rahmen im Stil Whistlers mit erhabenem Muster auf der Platte und Rundstab als Außenabschluß.

Unten: Viktorianische Aquarellrahmen mit erhabenen Eckverzierungen (Farn, Disteln, Blüten und Blätter).

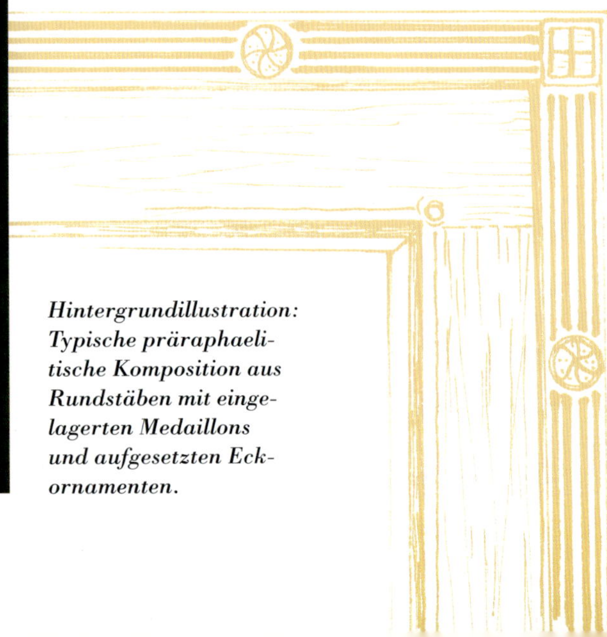

Hintergrundillustration: Typische präraphaelitische Komposition aus Rundstäben mit eingelagerten Medaillons und aufgesetzten Eckornamenten.

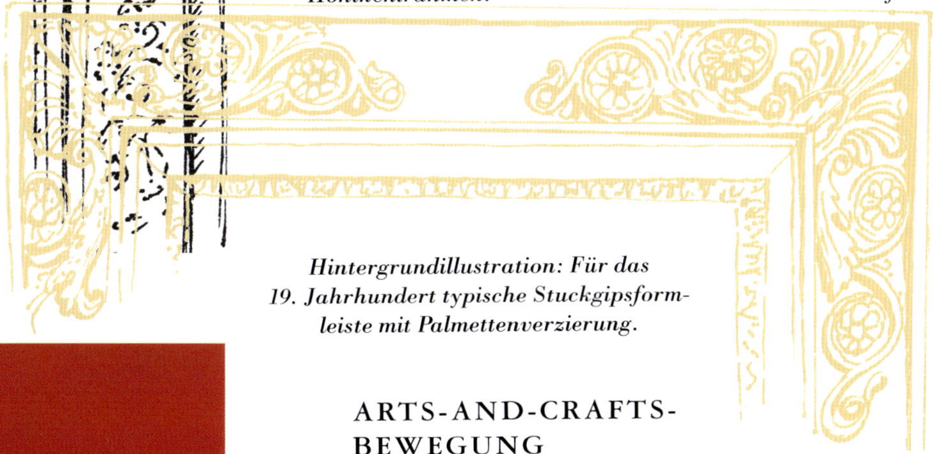

Hintergrundillustration: Deutscher Rahmen mit stark gotischem Einschlag, wie er sich auch bei amerikanischen Rahmen findet.

Unten: Französischer Rahmen aus Papiermaché mit Rollwerk und Blüten auf kreuzschraffiertem Untergrund.

Unten Mitte: Ein Watts-Rahmen: einfacher florentinischer Rahmen im Kassettenstil.

Unten rechts: Einfache englische Blattdekoration auf einem Hohlkehlrahmen.

Rechts: Ovaler Spandrillerahmen mit Leier und Masken als Eckverzierungen.

Rechts Mitte: Französischer Rahmen mit Rundecken und erhabenem D-Profil.

Hintergrundillustration: Für das 19. Jahrhundert typische Stuckgipsformleiste mit Palmettenverzierung.

ARTS-AND-CRAFTS-BEWEGUNG

Angeregt durch die Lehren William Morris', lehnten viele Künstler die Massenfertigung von kunsthandwerklichen Produkten ab. Die Arts-and-Crafts-Bewegung spielte dabei eine herausragende Rolle. Viele Maler bestanden darauf, daß die Rahmen für ihre Bilder exakt nach ihren Angaben hergestellt wurden. Sie propagierten die Rückkehr zu traditionellen Materialien, fachgemäßen Schnitzereien und Vergoldungen. Manche orientierten sich an der Frührenaissance, andere, wie Whistler, erarbeiteten völlig neue Entwürfe.

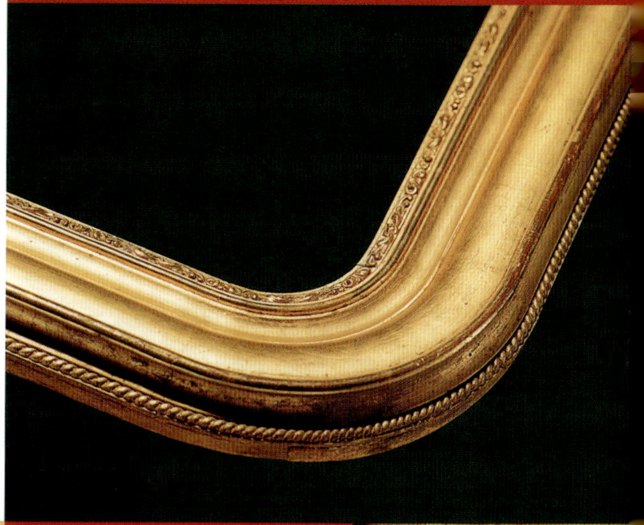

DAS 20. JAHRHUNDERT

In der bildenden Kunst des 20. Jahrhunderts haben konventionelle Vorstellungen endgültig ausgedient. Dies gilt auch für die Anfertigung und Verwendung von Rahmen. Die Devise lautet: »Alles ist möglich«. Zwischen Künstlern, Kunsthändlern, Museen und Privatsammlern schwelt ein bisher einzigartiger Interessenkonflikt. Bereits im 19. Jahrhundert hatten Künstler begonnen, auf die Präsentation ihrer Bilder Einfluß zu nehmen. Einige hatten Bild und Rahmen so aufeinander abgestimmt, daß man beide nicht trennen konnte, ohne die Gestaltung und das innere Gleichgewicht des Bildes zu gefährden. Andere Künstler wie Kasimir Malewitsch (1878–1935) und Piet Mondrian (1872–1944) verzichteten dagegen völlig auf Rahmen. Abstrakte Maler, v.a. die amerikanischen abstrakten Expressionisten, sehen in diesem Verzicht nach wie vor einen Ausdruck ihres Arbeitsethos. Rahmenlose Bilder suggerieren einen fließenden Übergang zwischen Farbe und Form einerseits und räumlicher Umgebung andererseits: Das Bild wird gewissermaßen eins mit der Wand.

Einige moderne Künstler (z.B. der englische Maler Howard Hodgkin) bemalen in Anlehnung an künstlerische Prinzipien der Jahrhundertwende gern den Rahmen, um die Illusion zu schaffen, das Bild trete über seine Begrenzung hinaus. Für den französischen Maler Robert Delaunay beispielsweise ergab sich dieses Verfahren aus seinen Theorien über Licht, Farbe und Bewegung.

Pablo Picasso (1881–1973) und Georges Braque (1882–1963) hatten antike Rahmen in ihren Ateliers stehen, doch ihr Kunsthändler Daniel Kahnweiler zog es vor, ihre kubistischen Gemälde mit flachen schwarzen Leisten zu rahmen, die auf gleicher Höhe mit dem Bild abschlossen. Wie es scheint, hatte Braque zu jener Zeit jedoch eine Vorliebe für Rahmen mit ansteigendem Profil, die seiner Meinung nach das fragmentarische Bildwerk an die Betrachter heranrückten und ihm so Plastizität verliehen.

Piet Mondrians Gemälde sind in der Regel weiß gerahmt. Mit ihrer strengen Geometrie und ihrer Aura von Modernität ergänzen diese Rahmen die Bildinhalte nicht nur, sie entsprechen ihnen vielmehr in vollkommener Weise. Mondrian selbst lehnte für seine Bilder allerdings jegliche Einfassung ab. Daß wir sie weiß gerahmt kennen, ist der Tatsache zu verdanken, daß es in den 20er und 30er Jahren en vogue war, Innenräume weiß zu gestalten. Die Surrealisten pflegten ihre optischen Spielereien über die Gemälde hinaus auf die Rahmen auszudehnen, so daß diese zu Bestandteilen der Bilder wurden.

Die Rahmenkunst des 20. Jahrhunderts erhielt durch die Entwicklung des Aluminium- oder Metallrahmens und des Plexiglasrahmens sowohl in technischer als auch in stilistischer Hinsicht richtungsweisende Impulse.

Beide Materialien wurden in den 60er und 70er Jahren entwickelt und waren bald ungemein populär. Die daraus gefertigten Rahmen verliehen den Werken (insbesondere den grellen Siebdrucken aus jener Zeit) ein dem modischen Trend entsprechendes kühles Flair. Metallrahmen – ursprünglich nach ihrem amerikanischen Erfinder Kulicke-Rahmen genannt – wurden in vielen Farben hergestellt. Plexiglas wird auch heute noch v.a. für die Herstellung effektvoller Kastenrahmen verwendet.

Manche Künstler werden bei der Präsentation ihrer Bilder auch in Zukunft ein Wort mitreden wollen, andere Bild und Rahmen weiterhin untrennbar miteinander verknüpfen. Nicht zu vergessen jene, die ihre Werke für sich sprechen lassen und auf jegliche Rahmung verzichten. Picassos Zeich-

Oben: Laetitia Yhap rahmt ihre Werke oft mit eher zufällig entdeckten Materialien. Der Rahmen von The Guitarist *besteht aus Teilen einer geschwungenen Schublade und Seilstücken.*

nungen entfalten ihre Wirkung sowohl in einfachen Silberrahmen als auch in reichverzierten, schwarz-goldenen spanischen Rahmen aus dem 18. Jahrhundert – und lebte er noch, würde er vermutlich beide Varianten für seine Werke gutheißen. Der englische Künstler John Bratby hingegen ließ, um Mißverständnisse von vornherein auszuschließen, Etiketten drucken, auf denen zu lesen ist, daß er keinerlei Verletzung seines Werkes durch Rahmen duldet. Er empfiehlt, lediglich schmale Leisten an den Außenkanten der Leinwand anzubringen. Dennoch enden viele seiner Gemälde ganz gegen seinen Wunsch in üppig vergoldeten, den Vorstellungen ihrer Besitzer entsprechenden Rahmen.

In unserem Jahrhundert sind Leinwände oft nicht einmal mehr symmetrisch. Moderne Gemälde sind häufig dermaßen raumbeherrschend, daß sie entweder nur eine Minimalrahmung erfordern oder man auf den Rahmen völlig verzichten kann.

Links: Robert Delaunay ist einer von vielen Künstlern des 20. Jahrhunderts, die Seurats Beispiel folgten und ihre Malerei auf den Rahmen ausdehnten. Hier eines seiner Gemälde aus der Serie Les Fenêtres simultanées sur la ville *(Simultanfenster auf die Stadt).*

Unten: Drei klassische Rahmen des 20. Jahrhunderts geben drei abstrakten Werken jeweils den letzten Schliff: ein Rahmen aus schlichten weißen Leisten, ein weißer Kastenrahmen und eine Plexiglasbox mit weißer Rückwand. Das runde Bild ist rahmenlos.

Links: Charleston (Sussex) wurde zum künstlerischen Zentrum der Bloomsbury-Gruppe. Auch beim Dekorieren der Räume lebten die Freunde ihre Vorstellungen von einer das ganze Leben umfassenden Ästhetik aus.

Unten: Der 1932 von Gluck entworfene, patentierte und nach ihm benannte Gluck-Rahmen ist so konzipiert, daß sich die darin gerahmten Gemälde möglichst gut in ein modernes Interieur einfügen.

DIE KUNST DES RAHMENS

In einer Welt, in der fast alles maschinell und in Serie produziert wird, sind in Handarbeit entstandene Gegenstände kaum noch erhältlich. In einem Rahmenatelier aber kann man durchaus fündig werden.

Ausdrucksstarke Bilder brauchen ausdrucksstarke Rahmen. Anders als Ölbilder oder andere Originalkunstwerke erlauben dekorative Drucke Einfassungen, die farblich auf den Raum und die Möbel abgestimmt sind.

Ein guter Rahmenhersteller hält neben einem großen Sortiment an Rahmenleisten und -finishs auch Passepartouts in verschiedenen Farben und Ausführungen bereit. Natürlich werden Rahmen heute teilweise maschinell produziert, da aber noch viel von Hand gefertigt wird, können spezielle Wünsche durchaus berücksichtigt werden. Einen Rahmen nach Maß anfertigen zu lassen kostet Zeit, Geduld und erfordert sorgfältige Planung, doch das Endprodukt ist einzigartig und bereitet einem jahrelang Freude.

Bevor man einen Rahmenbauer aufsucht, sollte man einige Vorüberlegungen anstellen. In den meisten Fällen liegt man mit einem Rahmen, der das Bild gut zur Geltung bringt, goldrichtig. Sich bei der Rahmenwahl in erster Linie an der Raumausstattung zu orientieren empfiehlt sich hingegen nicht. Ist der Rahmen in Farbe, Form und Dekor exakt auf die Einrichtung abgestimmt, wirkt er in einer anderen Umgebung möglicherweise fehl am Platz. Ein Bild ließe sich dann nicht so ohne weiteres umhängen. Auch die Aura des Werkes spielt eine Rolle. Ein »dramatisches« Gemälde zieht alle Blicke auf sich und erfordert einen entsprechend »starken« Rahmen. Ein meditatives Bild hingegen kommt nur in einem unaufdringlichen Rahmen zur Geltung.

Gemälde aus früheren Stilepochen sollten Originalrahmen oder stilecht nachgebildete Rahmen erhalten. Wer historische Nachforschungen anstellen möchte – was sich durchaus empfiehlt –, wird im Kapitel *Zur Geschichte des Rahmens* fündig werden.

Für manche Bilder sind dekorative Rahmen genau das richtige. In diesem Fall sollten Passepartout und Rahmen so aufeinander abgestimmt werden, daß das gerahmte Bild sich optisch gut in den entsprechenden Raum einfügt. Stoff- und Farbmuster helfen bei der Zusammenstellung der Einfassung und liefern dem Rahmenhersteller genaue Gestaltungshinweise.

Zuweilen diktiert der Raum sogar die Rahmenwahl: Wenn z.B. eine Serie von Drucken in beengten räumlichen Verhältnissen aufgehängt werden soll, ist man im Hinblick auf die Proportionen von Passepartout und Rahmen von vornherein ziemlich festgelegt.

ÖL-, TEMPERA- UND ACRYLMALEREI

Grundsätzlich basieren alle Künstlerfarben auf einem Gemisch aus Pigmenten und Bindemittel, z.B. Leinöl oder Wasser. Im Mittelalter verwendete man Eigelb als Bindemittel; die entsprechende Farbe wurde Ei-Tempera oder einfach Tempera genannt. Auch wenn die Tempera- weitgehend von der Ölfarbe verdrängt worden ist, wird doch immer wieder auf sie zurückgegriffen. Was die Rahmung betrifft, werden Temperabilder wie Ölbilder behandelt. Allerdings benötigt Temperafarbe zum Aushärten mindestens ein Jahr; erst dann ist die Bildoberfläche stoßfest und staubabweisend. Während dieser Zeit muß das Gemälde durch Glas oder durchsichtigen Kunststoff geschützt werden, die mit der Bildoberfläche aber keinesfalls in Berührung kommen dürfen. Trennstücke oder Stege fungieren als »Abstandhalter«.

Die Ölmalerei entwickelte sich Anfang des 15. Jahrhunderts in Flandern und breitete sich von dort allmählich über ganz Europa aus. Ursprünglich kombinierten die Künstler Öl- und Temperamalerei, doch schon Mitte des 16. Jahrhunderts hatte sich die Ölfarbe aufgrund ihrer ausgezeichneten Maleigenschaften und ihrer Leinwandtauglichkeit als eigenständiges Malmedium durchgesetzt. Heute verwenden viele Künstler statt Ölfarbe Acrylfarbe. Diese Farbe wurde in den 30er Jahren in Mexiko entwickelt, woran der Maler Diego Rivera (1886–1957) maßgeblich beteiligt war. Die extremen Temperatur- und Lichtverhältnisse in Mittelamerika erforderten ein haltbares Bindemittel – synthetisches Harz z.B., mit dem die Pigmente bei der Herstellung von Acrylfarbe gebunden werden.

Öl- und Acrylfarben können auf unterschiedliche Malgründe aufgetragen werden: auf Holz, Leinwand, Papier, Karton und Metall (häufig Kupfer). Wer einen Rahmen für ein Bild aussucht, sollte zunächst den Zustand des Bildträgers überprüfen. Holztafeln beispielsweise können leicht rissig werden oder sich verziehen, insbesondere wenn das Bild über längere Zeit in einem zentralbeheizten Raum mit sehr trockener Luft aufbewahrt wurde. Weitere Schäden lassen sich dadurch vermeiden, daß man auf der Rückseite der Tafel Holzleisten aufleimt. Dies ist Sache von Restauratoren oder auch von Rahmenbauern, die sich auch aufs Restaurieren verstehen.

Falsch behandelte Leinwandbilder werden leicht brüchig, d.h., die Farbe wird rissig und platzt u.U. sogar ab – v.a. in Räumen mit zu trockener Luft. Doch auch die Zeit hinterläßt auf Leinwandgemälden ihre Spuren. Gravierende Probleme entstehen bei feucht gewordenen Bildern, da beim Trocknungsvorgang die Farbe rissig wird. Um dies zu verhindern, wird die Leinwand dubliert, d.h. mit einer Stützleinwand hinterklebt. Auch dies ist eine Aufgabe für einen Experten.

Sofern ein älteres Werk gerahmt werden soll, ist vorher zu prüfen, ob das Gemälde gereinigt oder restauriert werden muß. Beides sollte man wiederum Fachleuten überlassen. Durch eine unsachgemäße Säuberung kann ein Bild ernsthafte Schäden davontragen, da alte Farblasuren sich leicht lösen. Ist das Bild stark verschmutzt, sollte es vor einer Neurahmung auf alle Fälle gereinigt werden. Möglicherweise wird die Reinigung das Aussehen des Gemäldes drastisch verändern – z.B., wenn bisher verborgene Details und Glanzlichter freigelegt werden. Davon wird dann auch die Wahl des Rahmens abhängen.

Ganz unten: Das Gemälde nach der Restaurierung: Schmutz und alter Firnis wurden entfernt, die beschädigten Stellen restauriert. Durch erneutes Firnissen und eine großzügige Rahmung gewinnt das Bild enorm an Ausdruckskraft.

Rechts: Das Gemälde vor der Restaurierung: Es hat stark gelitten, ist extrem verschmutzt, und die Leinwand ist gerissen. Vor der Reinigung des Bildes muß die alte Leinwand dubliert werden.

DAS RAHMENPROFIL

Ölgemälde sind meist direkt gerahmt, d.h., zwischen Bildfläche und Rahmen befindet sich kein Passepartout. Die Wahl des Rahmens ist hier mit äußerster Sorgfalt zu treffen. Da Bild und Rahmen direkt aufeinandertreffen, lenken unpassende Rahmenformen oder -dekors entsprechend stark vom Bild ab. Rahmenprofil und Finish sind also gleichermaßen wichtig.

Vereinfacht gesagt, gibt es drei Basisrahmenformate: Beim Hohlkehlrahmen – dem gängigsten Rahmenformat – führt eine nach innen geneigte Wölbung flach oder steil zum Bild hin. Beim Plattenrahmen schließt der Rahmen auf gleicher Ebene mit der Bildfläche ab. Das Außenprofil liegt kaum höher als das Innenprofil. Beim Leistenrahmen mit konvex gewölbten Schenkeln schließlich führen die Schenkel optisch vom Bild weg. Diese drei Grundformate gibt es in einer Fülle von Varianten. Eine gängige Mischung aus Hohlkehl- und Wulstrahmen ist der Leistenrahmen mit Rundstab und angesetzter Hohlkehle.

Es gibt keine festen Regeln dafür, welches Profil am besten zu welchem Gemälde paßt, doch immerhin gewisse Anhaltspunkte. Landschaftsbilder, die von der räumlichen Wirkung leben, gewinnen durch Rahmen, die zum Bild hinführen; ebenso Porträts mit perspektivisch gestaltetem Hintergrund oder vor Fensterausblicken. Andererseits passen zu Bildern ohne perspektivische Elemente – z.B. Blumenbildern, Stilleben oder »reinen« Porträts – Rahmen mit vom Bild wegführendem Profil. Ganz flache Rahmen eignen sich aufgrund ihrer Schlichtheit und des Fehlens historischer Bezüge für moderne Werke und empfehlen sich für Künstler und Kunstliebhaber, die klare Linien lieben.

Ein weiteres wichtiges Element des Rahmenprofils ist die Einlage, ein flacher Zwischenrahmen, der kleiner ist als der Hauptrahmen und für eine optische Unterbrechung zwischen Bildoberfläche und Rahmen sorgt. Einlagen werden z.B. vergoldet, versilbert, gestrichen oder mit Leinen, Samt, Seide oder anderen Stoffen bezogen. Meist dienen sie der optischen Aufhellung des Bildes, v.a. wenn der Hauptrahmen ein dunkles Finish hat. Soll ein Bilddetail betont werden, kann man die Einlage farblich darauf abstimmen. Einlagen können darüber hinaus auch strukturierende Funktion haben. Eine abgeschrägte Einlage in gewölbten Leisten beispielsweise bringt ein perspektivisches Element in die Rahmung ein.

Bei der Wahl eines Rahmens ebenfalls zu berücksichtigen ist der beabsichtigte Gesamteindruck: Soll der Rahmen eckig, scharfkantig, streng oder weich gerundet wirken? Zu einem strengen repräsentativen Porträt paßt ein Rahmen mit eckigen, architektonischen Leisten, während ein Gemälde mit weichen, bewegten Formen und fließenden Linien in einem Rahmen mit gerundetem Profil am besten zur Geltung kommt.

Ebensowichtig wie das Finish ist das Rahmenprofil. Hier verschiedene Rahmenleisten im Querschnitt: ein gerippter Goldrahmen (Pfeifenrahmen) mit klassischer Hohlkehle, darauf ein Rahmen mit Wulst und Kehle, rechts davon eine Leiste mit Rundstab und angesetzter Hohlkehle, darüber zwei Leisten mit breiten Platten und abgetrepptem äußerem Profil.

VERGOLDETE RAHMEN

Gold war und ist in der westlichen Kultur das mit Abstand beliebteste Rahmenfinish. Ein Goldrahmen fängt das Licht und wirft es als warmen, weichen Schimmer auf das Bild zurück. Es gibt nur wenige Gemälde, zu denen ein vergoldeter Rahmen nicht paßt. Als »abstrakte« Farbe bildet Gold eine neutrale »Brücke« zwischen Bild und Raum.

Da es eine Vielfalt nicht nur formal, sondern auch qualitativ unterschiedlicher Vergoldungen gibt, ist es hilfreich, die Goldfinishs unterscheiden zu lernen. Die Finishs serienmäßig hergestellter Billigrahmen beispielsweise bestehen aus Goldfarbe oder Metallegierungen ohne jeglichen Goldgehalt. Die Herstellungsverfahren für solche Vergoldungen sind heute so ausgetüftelt, daß man oft sehr befriedigende Ergebnisse erhält, die sich von den einstmals arg metallisch glänzenden Goldersatz-Finishs wohltuend abheben. Die Qualität der Legierungsmetalle wurde ständig verbessert, so daß die sogenannten

Eichenrahmen mit geschnitzter Eckverzierung; er ist lediglich teilvergoldet, so daß die Holzmaserung durchschimmert – die passende Einfassung für ein Seestück in Öl aus dem 19. Jahrhundert.

»Blattkupfer«finishs auf fabrikmäßig hergestellten Rahmen kaum mehr von echten Blattgoldfinishs zu unterscheiden sind. Damit sie nicht anläuft, muß die Oberfläche solcher Rahmen versiegelt bzw. lackiert werden. Das Endprodukt ist dann oft strapazierfähiger als ein Rahmen mit echtem Blattgoldfinish. Dennoch läßt es sich kaum vermeiden, daß Rahmen mit unechter Vergoldung im Laufe der Zeit leicht anlaufen und etwas stumpf werden. Wann dies der Fall sein wird, läßt sich anhand einer Faustregel zumindest ungefähr berechnen: Je mehr ein solches Finish echtem Blattgold ähnelt, desto größer die Wahrscheinlichkeit, daß der Rahmen für eine gewisse Zeit seine volle Schönheit bewahrt.

Für wertvolle Gemälde bieten sich als Alternative dazu Rahmen mit Polimentvergoldung an. Im Kapitel über Rah-

Oben: Die dunklen Blautöne dieses modernen Gemäldes werden durch den Rahmen mit Blattgold auf rotem Bolus optisch ausgeglichen. Wo die Blattgoldstückchen einander überlappen, sind leuchtende Goldstreifen zu sehen. Diese Streifenbildung ist charakteristisch für echte Polimentvergoldung.

Rechts: Der Innenrahmen dieses Temperagemäldes vom Palazzo Dario in Venedig ruht auf einer flachen Tafel. Tafel und Rahmen wurden mit weißem Gesso behandelt. Die Goldleisten des Außenrahmens wurden maschinell produziert. Die Rahmenverglasung schützt das Gemälde während der Aushärtungsphase.

menvergoldung (S. 140–143) erfahren Sie, wie arbeitsintensiv und zeitraubend das Aufbringen von Blattgold ist und wieviel Geschick es erfordert. Natürlich haben solche Rahmen ihren Preis, aber sie bieten auch enorme Vorteile. Eine mit echtem Blattgold geschmückte Rahmenoberfläche wirkt ungeheuer elegant – nicht nur, weil dem Glanz echten Goldes nichts gleichkommt, sondern auch, weil durch die Art der Aufbringung eine Art »Weichmachereffekt« erzielt wird.

Hat man ein Gemälde aus dem 19. oder einem früheren Jahrhundert einzufassen, sollte man sich über eine zeitgemäße Rahmung Gedanken machen. Es lohnt sich, bei Antiquitätenhändlern oder Rahmenvergoldern herumzustöbern, die Stilrahmen entweder besitzen oder auftreiben können. (Das Kapitel zur Geschichte des Rahmens kann hierbei als Führer durch die Stilepochen dienen.) Außerdem gibt es Auktionen, bei denen nur Antikrahmen versteigert werden. Wer sich einen alten Rahmen ersteigern möchte, braucht allerdings Geduld. Da reichverzierte Rahmen mit komplexen Profilen sich nur unter Schwierigkeiten auf die Maße des jeweiligen Bildes zuschneiden lassen, muß nicht nur die Optik, sondern auch die Rahmengröße stimmen. Rahmen mit fortlaufender oder Eckverzierung

Links: Die geometrische Strenge dieses Rahmens mit Querbänderung und quadratischen Eckdetails mit Blütenmotiv kontrastiert mit der Dynamik des Gemäldes. Das Finish aus Bronzepulver auf rotem Bolus wirkt ruhig-gedämpft. Die mit Leinwand bezogene Einlage schafft einen sanften Übergang zwischen Bildoberfläche und Rahmenprofil.

Rechts: Dieses in lichten Farben gehaltene Stilleben profitiert vom leuchtenden Glanz des ölvergoldeten Rahmens; die leinenbezogene Einlage wirkt allerdings stark dämpfend.

können auf Maß geschnitten und an den »Nähten« von einer Restauratorin oder einem Restaurator retuschiert werden. Ist der Rahmen nur geringfügig größer als das Bild, kann man das Problem durch Einfügen einer Einlage lösen.

Wer sich für einen Antikrahmen entscheidet, muß tief in die Tasche greifen – u.U. kommt einen der Rahmen ebenso teuer wie das Gemälde selbst. Doch es mag ein Trost sein, daß solche Rahmen ihren Wert behalten oder dieser sogar noch zunimmt.

Sollte kein alter Rahmen aufzutreiben sein, empfiehlt es sich, auf eine Kopie zurückzugreifen. Alte Stile – insbesondere die französischen des 18. Jahrhunderts – wurden schon immer kopiert, man braucht sich daher eines »nachgemachten« Rahmens nicht zu schämen. Handgefertigte Reproduktionen erhält man bei Spezialrahmenbauern, für die auch ungewöhnliche Bildgrößen kein Problem darstellen. Serienmäßig hergestellte Kopien gibt es hingegen meist nur in Standardgrößen. Sie sind in der Regel zwar wesentlich preiswerter als handgefertigte Kopien, jedoch meist lediglich ölvergoldet oder mit Goldbronze überzogen anstatt mit echtem Blattgold belegt. Mag ihnen auch das »gewisse Etwas« fehlen – wenn der Tonwert der unechten Vergoldung stimmt, sehen sie durchaus passabel aus.

Meist bringen Goldrahmen die Farben der darin eingefaßten Bilder ausgesprochen gut zur Geltung. Drohen sie das Bild jedoch zu dominieren, sollte man sie mit einem Farbfinish kombinieren. So werden der konkave Bereich eines Hohlkehlrahmens und der konvexe Bereich eines Rahmens mit Rundstab und angesetzter Hohlkehle häufig eingefärbt und nur die inneren und äußeren Rahmenprofile vergoldet. Auf einem mit Stuck verzierten Rahmen können z.B. die erhabenen Stellen vergoldet und die Vertiefungen eingefärbt werden. Letzteres empfiehlt sich v.a. für Werke des 20. Jahrhunderts. Eine interessante, effektvolle Rahmenvariante erhält man, wenn man ein Gemälde mit einer schmalen Gold- oder Farbleiste einfaßt, auf eine gestrichene oder mit Gesso behandelte Platte aufbringt und diese wiederum mit einem größeren vergoldeten Rahmen versieht.

Oben: Ursprünglich für »Papierbilder« gedachte Metallrahmen passen meist auch gut zu modernen Ölgemälden, wie dieser Silber-Aluminiumrahmen mit mattem Finish beweist.

Links: Ein komplett versilberter Rahmen hätte dieses Gemälde, das an die 1920er Jahre erinnert, erdrückt. So erhielt die Platte eine Farblasur, die auf die Grüntöne des Bildes abgestimmt wurde und das eingravierte Muster hervorhebt.

ALUMINIUM- UND SILBERRAHMEN

Links: Silberrahmen harmonieren besonders gut mit Bildern in klaren, frischen Farben wie leuchtendem Grün oder Blau, können jedoch auch grelle Farben optisch ausgleichen. Hier dämpft der einfache, nach außen abgeschrägte Rahmen mit Blattsilberfinish die lebhaften Orangetöne des Bildes.

Für manche Gemälde – v.a. aus dem 20. Jahrhundert – ist der Silberrahmen die beste, wenn nicht die einzige Lösung. Ein Silberrahmen wirkt kühl und meist streng, bringt jedoch Farben wie Pink, Blau, Grau und Minzgrün sowie abstrakte Motive sehr gut zur Geltung. Auch wenn man sich zunächst nicht dafür begeistern kann, sollte man einen Silberrahmen nicht von vornherein ablehnen, sondern erst einmal prüfen, ob er nicht doch zu dem betreffenden Gemälde paßt.

Silberfinishs gibt es in zig Varianten. Fertigrahmen sind mit hell glänzenden Finishs oder solchen in gebrochenen, weicheren Tönen erhältlich, die man durch Zugabe von Grau oder Sepia erzielt. Glänzende Rahmen mit klaren Konturen passen gut zu modernen Werken. Das Versilbern von Hand erfolgt auf die gleiche Weise wie die Polimentvergoldung. Als Grundierung trägt man roten, blauen, grauen oder schwarzen Bolus auf. Roter Bolus mildert den kühlen Ton des Silbers. Das Blatt besteht entweder aus echtem Silber, was dem Rahmen ein metallisches Aussehen verleiht, oder aus dem weicher wirkenden Weißgold, einer Legierung aus Silber und Gold.

Für Gemälde, die nur in einer extrem schmalen, scharf konturierten Einfassung wirken, eignen sich moderne Aluminiumrahmen mit Profil besonders gut. Sie sind leinwandtauglich, so daß man mit ihnen auch Öl- oder Acrylbilder rahmen kann. Außer in Silbertönen sind sie auch mit Gold-, Bronze- oder Farbfinish erhältlich.

Rechts: Der Verwischeffekt dieser Mutter-Kind-Studie wurde durch Schmelzen von farbigem Glaspulver auf Stahl erreicht. Der weich konturierte Blattsilber-Rundrahmen paßt dazu ausgezeichnet.

Unten: Der dunkle Hintergrund dieses Blumenstücks erzwingt förmlich einen schwarzen Rahmen, der die Farben hervorragend zum Leuchten bringt. Die dekorativen Rahmendetails spielen auf niederländische und flämische Rahmen des 16. Jahrhunderts an.

RAHMEN MIT FARBFINISHS

Für moderne Öl- oder Acrylgemälde eignen sich v.a. farbig gestrichene Rahmen mit wenig oder ganz ohne Goldverzierung. Helle Rahmen wirken schlicht, in leuchtenden oder dunklen Farben gehaltene dagegen sehr auffällig. Eher ausgefallene Effekte erzielt man durch die Verwendung von Farbfinishs, die aus der Innenraumgestaltung bekannt sind (vgl. *Das Rahmenhandwerk*, S. 132–139). Hier ist jedoch Vorsicht geboten. Für ein dekoratives Bild kann ein leuchtendfarbiger Rahmen die optimale Lösung sein. Man sollte jedoch immer darauf achten, daß der Rahmen nicht mit dem Bild konkurriert.

Dunkle Rahmen eignen sich v.a. für dunkle Bilder, da helle Einfassungen entweder den Eindruck erwecken, sie kämen auf den Betrachter zu, oder die dunklen Partien des Bildes überbetonen. Ein dunkler, idealerweise mit gold- oder hellgetönter Einlage versehener Rahmen schmeichelt hingegen dem Bild. In manchen Fällen kann auch ein einfarbiger Anstrich das richtige sein. Er ist obendrein leicht auszuführen. Etwas mehr Aufwand erfordert hingegen ein Schichtanstrich: Man grundiert den Rahmen in einer bestimmten Farbe und lasiert ihn nachfolgend andersfarbig, so daß die Grundfarbe mehr oder weniger durchschimmert. Der Rahmen bekommt so mehr »Charakter«. Als Basisfarben eignen sich Blau- und Grüntöne, aber auch – mit besonders schöner Wirkung – Rotbraun und Ocker.

Links: Dieses effektvolle kleine Ölgemälde, das ein Dorf in Südfrankreich zeigt, hat einen Rahmen aus zwei breiten flachen Leisten mit abgestufter vergoldeter Sichtkante. Das Finish ist graublau mit ockerfarbener Sprenkelung.

Rechts: Eine gelungene Kombination von Gold und Schwarz. Ein komplett vergoldeter Rahmen hätte sich ebenfalls angeboten, doch die schwarze Platte hebt das Gemälde besonders gut hervor.

Unten: Dieses Aborigines-Gemälde bedarf keiner Verzierungen. Der einfache Kastenrahmen mit schmaler farbiger Einfassung bringt es optimal zur Geltung.

Rechts: Die farbliche Gestaltung breiter Plattenrahmen erfordert ästhetisches Feingefühl. In diesem Porträt dominieren dunkles Magenta, Beigetöne und Schwarz. Die Rahmenleisten erhielten daher eine unterstützende grünblaue Tönung.

NATURBELASSENE HOLZRAHMEN

Seit einigen Jahren läßt sich ein Trend zu Rahmen aus unbehandelten und ungebeizten Hölzern beobachten. Leicht versiegelt oder lediglich poliert, eignen sie sich optimal zur Einfassung moderner Werke. Rahmen aus Eiche und Esche sind leicht erhältlich, man bekommt aber durchaus auch Rahmen aus Bergahorn, Buche und Pappel. Sind sie erst einmal lackiert oder gewachst, tritt die Holzmaserung deutlich hervor, was ihnen ein sehr ansprechendes Aussehen verleiht. Insbesondere abstrakte Werke kommen in naturbelassenen Holzrahmen mit flacher oder leicht gerundeter Profilierung gut zur Geltung. Rahmen aus Ramin, einer nichtgemaserten Holzart, wirken noch schlichter und klarer. Eiche und Esche eignen sich besonders gut für größere Rahmen mit detailliertem Profil. Kiefernholzrahmen hingegen wirken wegen der zahlreichen Astansätze eher rustikal und passen gut zu Bildern im Stil der naiven Malerei.

Holz kann selbstverständlich auch gekalkt oder mit leicht transparenter Farbtünche behandelt werden. Seit Jahrhunderten ist es üblich, Holz mit Kalktünche zu »kalken«. Heute verwendet man statt dessen häufig Weißwachs, das dem Holz einen sanften Schimmer verleiht. Getünchtes Holz wird nach dem Trocknen geschmirgelt. Dadurch erreicht man einen noch weicheren Effekt als mit Weißwachs. Auf jeden Fall paßt ein wie auch immer »gekalkter« oder getünchter Rahmen zu vielen modernen Gemälden, insbesondere zu Bildern in zarten Pastelltönen. Speziell blasse graublaue und grüne Farbtünchen heben bestimmte Farbtöne des Bildes hervor. Ausschlaggebend für die Wirkung dieser Finishs – seien sie nun weiß oder farbig – ist, daß die Holzmaserung durch den Farbschleier schimmert. Dabei sollte man berücksichtigen, daß rauhe Stellen immer mehr Farbe aufsaugen als glatte. Gekalktes und poliertes helles Holz läßt sich gut mit einfarbig dunkel gestrichenem oder dunkel gebeiztem Holz kombinieren; so z.B. eine helle Einlage mit einem dunklen Außenrahmen.

Rechts: Diese Darstellung einer griechischen Landschaft wirkt so fahl, weil nur eine Schicht stark verdünnte Ölfarbe aufgetragen wurde. Als optische Ergänzung wurde ein kalkgetünchter Eichenrahmen mit blaßgrüner Einlage gewählt.

Unten: Um eine Verbindung zwischen Bildsujet und Rahmen zu schaffen, benutzte die Künstlerin Laetitia Yhap für die Einfassung dieses Gemäldes Streifen von Bootsplanken.

Oben rechts: Dank einer Politur mit transparentem Wachs schimmert der breite Plattenrahmen aus ungebeiztem Eichenholz weich. Rechts daneben ein schmaler, einfach gerundeter Kirschholzrahmen. Kirschholz hat einen charakteristischen warmen Rotton, wird für Bilderrahmen aber nur selten verwendet.

Rechts Mitte und unten: Rahmen aus gekalktem Eichenholz (rechts) eignen sich v.a. für moderne Werke. Den »Kalkeffekt« erzielt man durch Kalktünche oder Weißwachs. Kiefernrahmen (unten links) sind wegen ihres rustikalen Aussehens sehr beliebt. Eschenholz (unten rechts) erinnert farblich an Eiche, hat aber eine einfachere und klarere Maserung.

Gemälde mit Jagdmotiven oder Reiterdarstellungen erhielten früher Rahmen mit Walnußfurnier und einigen Golddetails – eine ideale Lösung, wie man am Beispiel dieser Darstellung eines Jagdhundes aus dem frühen 19. Jahrhundert sieht.

DUNKEL GEBEIZTE UND FURNIERTE HOLZRAHMEN

Viele Gemälde kommen in dunklen, seriös wirkenden Holzrahmen am besten zur Geltung. Dies gilt natürlich besonders, wenn auch das restliche Interieur entsprechend gestaltet ist. Zu nennen sind hier beispielsweise Meeresdarstellungen, Gemälde, die Reit- und sonstige Sportarten darstellen, aber auch repräsentative Porträts. Dunkle Rahmen machen sich gut in der Nachbarschaft traditioneller dunkler Holzmöbel sowie in »formellen« Räumen wie Bibliotheken oder Studierzimmern.

Eiche, Esche, Kiefer und andere Hölzer lassen sich hervorragend in dunklen Brauntönen beizen. Insbesondere Eichenholz wird seit jeher gerne gebeizt. Dunkle Hölzer wie Mahagoni benötigen hingegen als Finish nur eine leichte Tönung mit eingefärbtem Bienenwachs. Gebeizte Rahmen sind zeitlos schön und wirken im Vergleich zu vergoldeten Rahmen eher sachlich. Rufen sie den Eindruck von zu großer Strenge hervor, kann schon ein feiner Goldstreifen Abhilfe schaffen.

Besonders kostbar wirken furnierte Leisten. Seit dem 18. Jahrhundert werden in England und Nordamerika Rahmen mit Ahornfurnier v.a. für Bilder mit Sportmotiven verwendet. Frisches Ahornfurnier hat bisweilen einen unschönen Orangebraunton. Doch es dunkelt mit der Zeit nach und wirkt dann weicher. Manchmal weist die Maserung auch kleine runde Flecken auf; dieser sogenannte Vogelaugenahorn ist in der Rahmenkunst sehr beliebt und äußerst attraktiv.

Meeresdarstellungen und Reiterbilder wirken in Rahmen mit Walnußfurnier besonders gut. Um Akzente zu setzen, kann man entweder nur die Sichtkante oder das Innen- und Außenprofil des Rahmens vergolden; das Furnier wird dann lediglich auf Wulst, Kehle oder Platte aufgebracht. Walnußfurnier vom Wurzelholz hat eine in sich geschlossene, spiralförmige Zeichnung und wirkt von daher unruhig, aber sehr luxuriös.

Das rötlichere, dunklere Rosenholzfurnier hingegen ist viel gleichmäßiger gemasert. Rosenholz ist relativ selten. Rosenholzfurnier brachte man daher traditionellerweise nur auf flach abgeschrägten Leisten sehr kleinformatiger Rahmen an (z.B. für Miniaturen).

Oben: Ein mit getönter Bienenwachspolitur veredelter Mahagonirahmen. Die schmale Goldleiste dient als »Leuchtstreifen« zwischen Bild und Rahmen.

Links: Dieses hübsche Bild von einem Schwein wurde mit einem grob geschnitzten, dunkel gebeizten Rahmen eingefaßt.

Rechts: Dieser Stich (frühes 19. Jahrhundert) zeigt Paris. Nach sorgfältiger Restaurierung wirkt er wie verwandelt, weil nach Entfernung der säurebedingten Verfärbung die zarten Farben und die vielen Details wieder zum Vorschein kamen. Ein Goldrahmen und ein Passepartout mit zarter Umrandung vervollständigen das neue Erscheinungsbild.

ARBEITEN AUF PAPIER

Links: Verschmutzte oder beschädigte Aquarelle, Drucke oder Zeichnungen sollten vor der Rahmung unbedingt restauriert werden, am besten von erfahrenen Papierrestauratoren oder diesbezüglich versierten Rahmenherstellern. Sie können Ausbleichungen, Stockflecken oder verbräunte Stellen beseitigen (z.B. durch Auswaschen). Verbräunungen entstehen, wenn Kiefernholzplatten, die früher oft als Rahmenrückwände benutzt wurden, Säure abgeben. Vor der Restaurierung müssen aufgeklebte Bilder sorgfältig von der Unterlage abgelöst werden. Da dies Fachkenntnisse erfordert, sollte man es Experten überlassen.

Die Rahmung von Drucken, Aquarellen, Zeichnungen und dergleichen – kurz, aller Arbeiten, deren Bildträger Papier ist – unterscheidet sich in vielfacher Hinsicht von der Rahmung von Ölgemälden. »Papierbilder« sind viel empfindlicher als Tafel- oder Leinwandgemälde und müssen daher verglast werden. Da das Glas in der Regel nicht mit der Bildoberfläche in Berührung kommen darf, ist meist ein Passepartout erforderlich. Passepartouts sind jedoch nicht nur praktische »Abstandhalter«, sondern erfüllen darüber hinaus eine ästhetische Funktion. Wer lange Freude an einem Bild haben möchte, sollte beim Rahmen nicht am Material sparen, denn in einem Billigrahmen kann das Kunstwerk durchaus Schaden nehmen.

In den meisten Fällen kommt man mit zwei Millimeter starkem Rahmenglas aus, es sei denn, es handelt sich um ein sehr großes Gemälde. Dafür wird Ihnen der Rahmenhersteller aus Sicherheitsgründen ein stärkeres Glas empfehlen. Entsprechend schwerer, da stabiler, wird dann auch der Rahmen ausfallen. Eine weniger »gewichtige« Alternative ist Plexiglas, ein glasartiger, nicht splitternder Kunststoff, der aber leicht verkratzt. Außerdem lädt er sich auf, so daß er für Pastell- und Kohlezeichnungen nicht in Frage kommt. Schon auf dem Weg vom Rahmenatelier nach Hause würde sich unter der Oberfläche ein unschöner Pigmentfilm absondern.

Doch weder gewöhnliches Bilderglas noch Plexiglas kann ein Kunstwerk vor schädlichen Lichteinflüssen bewahren. Daher benötigen Bilder, die kein UV-Licht vertragen (Aquarelle u.a.), eine Verglasung, die konservatorischen Ansprüchen genügt und daher v.a. in Museen Anwendung findet. Die entsprechenden Glas- oder Plexiglasarten enthalten ein UV-reduzierendes oder Filterelement, das die Bildwirkung nicht beeinträchtigt. Seien Sie vorsichtig mit Antireflexglas! Es bricht das einfallende Licht, so daß das Bild unscharf erscheint. Dieser »Weichzeichnereffekt« ist minimal, wenn das Antireflexglas direkt auf dem Bild aufliegt. Doch je weiter Bildoberfläche und Glas voneinander entfernt sind, desto stärker die optische Verzerrung.

Wird das Glas fest auf das Bild gepreßt, kann sich Feuchtigkeit unter dem Rahmen ansammeln und die Pigmente angreifen. Sitzen Fotografien direkt unter dem Glas, besteht die Gefahr, daß sie durch die Einwirkung von Sonnenlicht daran festkleben. Ein Passepartout kann hier Abhilfe schaffen und obendrein eine sehr schöne Wirkung entfalten. Kommt ein Passepartout als »Abstandhalter« nicht in Frage, läßt sich der gleiche Effekt mit Hilfe einer Leiste erzielen, die man in den Rahmenfalz einsetzt.

Damit das Kunstwerk nicht leidet, sollte man auf säurefreie Passepartoutkartons in Museumsqualität zurückgreifen. Früher wurden alle Passepartoutkartons aus unbehandeltem Holzschliff hergestellt, der Reste von Säuren enthielt. Dadurch wurde das darunter befindliche Papier mit der Zeit fleckig und brüchig, ja zerfiel in Extremfällen sogar. Professionelle Papierrestauratoren verfügen über Mittel und Wege, den Zerstörungsprozeß zu stoppen, können ein Bild aber kaum wieder völlig instand setzen. Zudem ist das Restaurieren von Papier ein mühevolles Unterfangen und kostet den Auftraggeber sehr viel Geld. Heute gibt es zum Glück säurefreien Passepartoutkarton. Er ist nicht einmal viel teurer als »normaler« Karton und für die Rahmung wertvoller Werke im Grunde ein Muß.

Oben: Im 19. Jahrhundert war es Mode, Aquarelle in vergoldete Wechselrahmen einzufassen. Für Aquarelle mit unverblichenen Farben bietet sich das auch heute noch an.

Rechts: Traditionelle Rahmung eines zarten Aquarellporträts von Mitte des 19. Jahrhunderts. Der Rahmen mit weichgerundeten Ecken und Perlstab entstand zur gleichen Zeit in Frankreich und wird durch das zartgetönte Passepartout mit vergoldeter Schrägschnittkante optimal ergänzt. An der Stoffaufhängung sind Miniaturporträts befestigt, die dem großen Porträt stilistisch nahestehen.

AQUARELLE

Aquarellfarben bestehen aus Pigmenten und wasserlöslichen Bindemitteln, meist Gummiarabikum. Sie werden lasierend (nicht deckend) aufgetragen. Ursprünglich fertigte man lediglich Aquarellskizzen für geplante Ölgemälde an. Erst seit Beginn des 18. Jahrhunderts gilt das Aquarell als eigenständige Bildgattung, obwohl bereits seit dem frühen 16. Jahrhundert deutsche Maler, etwa Albrecht Dürer, mit wasserlöslichen Bindemitteln experimentierten. Zunächst wurde allerdings nur monochrom in Grau- und Sepiatönen aquarelliert. Doch schon Mitte des 18. Jahrhunderts stand den Künstlern eine beachtliche Farbpalette zur Verfügung.

Aquarellfarbe ist im Gegensatz zu Öl- und Acrylfarbe transparent, so daß der Bildgrund durchscheint. Um Lichteffekte zu erzielen, kann man ihn beim Auftragen der Farbe stellenweise auch ganz aussparen. Je nach Wasserdosierung lassen sich mit einer Farbe unterschiedlichste Nuancen erzielen. Mischt man Wasserfarben mit Deckweiß, verlieren sie ihre Transparenz und werden dann als Gouache- oder Deckfarben bezeichnet. Bei Künstlern in ganz Europa – außer in England – waren Gouachefarben lange Zeit beliebter als andere Wasserfarben.

Reine Aquarellbilder wirken ausgesprochen zart, was man bei der Wahl von Passepartout und Rahmen berücksichtigen sollte. Die einfachste Lösung sind ein blaßgetöntes Passepartout und ein Rahmen mit weichen Formen, Goldfinish und eventuell Perlverzierung an den Kanten. Traditionelle Aquarelle kommen in solchen Rahmen besonders gut zur Geltung, v.a. wenn man das Passepartout gänzlich unbehandelt läßt oder lediglich mit einer Farblinierung um das Fenster versieht. Alternativ kann man auch die Schrägschnittkante in einem zarten Goldton bemalen. Mit cremefarbenen, gebrochen weißen, aber auch hellgrauen oder graublauen Passepartouts kann man kaum etwas falsch machen. Auch Passepartouts in Grün- oder Sandtönen sowie in Gelbbraun passen zu vielen Bildern. Bei traditionellen Aquarellen ist ein kräftiger getöntes Passepartout fast immer fehl am Platz.

Einfach zu handhaben, aber sehr dekorativ sind auch doppelte bzw. gestufte Passepartouts. Man legt zwei Passepartouts aufeinander und läßt das innere zwei bis fünf Millimeter überstehen. Meist hat es den gleichen Farbton wie das äußere oder ist etwas heller; so wird eine größere Tiefenwirkung erzielt. Ein Doppelpassepartout ist v.a. dann sinnvoll, wenn das Aquarellpapier von vornherein einen relativ dunklen Ton hat oder im Laufe der Zeit nachgedunkelt ist. In diesem Fall sollte man für das äußere Passepartout einen etwas dunkleren Ton wählen, um den Papierfarbton optisch aufzufangen.

Frühere Aquarellisten hatten die Angewohnheit, ihre Arbeiten in Sepiabraun oder einem anderen zarten Farbton zu umranden. Daraus entwickelte sich der Brauch, Passepartouts mit Linierungen oder Farbumrandungen zu versehen. Solche Passepartoutverzierungen lassen sich unbegrenzt variieren. Die simpelste Lösung ist eine kräftigere Farblinierung um das Fenster. Je nach Wunsch wird der Rahmenbauer mehrere Linien in unterschiedlichen Farbtönen und Breiten hinzufügen. Zuweilen wird an der Innenkante der Farblinie ein Goldpapierstreifen angebracht. Wer möchte, kann das Passepartout außerhalb der Farblinierung mit einer helleren Farbe lasieren.

Oben rechts: Klassische englische Rahmung eines Landschaftsaquarells – großzügiges Passepartout mit Linierung und zarter Farbumrandung sowie Goldrahmen mit Farbstreifen und Perlstab.

Rechts: Das farbenprächtige Stilleben von Geraldine Girvan braucht eine »starke« Einfassung. Dieser Goldrahmen mit schmaler Einlage bringt die klaren Farben regelrecht zum Leuchten. Die Einlage ist mit Gesso behandelt.

Die Farblinierung wird vom Rahmenbauer von Hand ausgeführt, wenn das Passepartout zugeschnitten ist; man kann also vielfältige Wünsche äußern. Dennoch sollte man einige Regeln beachten. In Stärke und Tönung sollte die Farblinierung immer auf das Aquarell abgestimmt sein. Damit die optische Balance erhalten bleibt, darf die Linie das Bild keinesfalls dominieren. Aus dem gleichen Grund empfiehlt es sich auch, als Grundtönung für das Passepartout eine Farbe zu wählen, die im Gemälde nur eine marginale Rolle spielt. Überwiegen in einem Landschaftsaquarell Blau- und Grüntöne, tönt man den Karton in einer untergeordneten Farbe, z.B. einem lichten Gelbbraun, und wählt lediglich für die Linierung einen kräftigeren Ton.

Natürlich können solche Verzierungen auch auf Doppelpassepartouts angebracht werden. Das innere Passepartout sollte dann zwei bis drei Zentimeter überstehen. Dieser Rand wird mit einem Band aus Goldpapier oder mit einer schmalen Farblinie verziert. Für das äußere Passepartout kommt durchaus eine kräftigere Tönung in Frage, denn durch das hellere Innenpassepartout ist es ja vom Bild getrennt.

Wünscht man eine unaufdringliche, aber effektvolle Rahmung, bietet sich z.B. ein doppeltes bzw. gestuftes Passepartout an. Die Kombination eines sandfarbenen Außenpassepartouts mit einem schmalen helleren Innenpassepartout lenkt den Blick des Betrachters auf das Bild. Das Rahmenfinish ist auf die Farbskala des Aquarells abgestimmt: blaugraue Lasur auf umbrafarbenem Grund.

Unten: Dieses Beispiel zeigt, daß ein Silberrahmen moderne Werke, in denen Blautöne dominieren, sehr gut zur Geltung bringt.

Oben: Eine vom Künstler selbst gerahmte Gouache. Die kräftigen Farben werden durch das strahlendweiße, von einem groben Holzrahmen eingefaßte Passepartout hervorgehoben. Die Rahmenleisten sind nicht, wie üblich, auf Gehrung geschnitten, sondern gerade abgesägt und eckübergreifend verleimt.

Selbstverständlich ist auch die Wahl des Rahmens von großer Bedeutung. Für traditionelle Aquarelle sind Goldrahmen die klassische Lösung. Gemälde aus dem 18. oder 19. Jahrhundert kommen in alten Rahmen oder guten Reproduktionen meist wesentlich besser zur Geltung als in modernen Blattgoldrahmen. In hellen Holzrahmen, z.B. aus polierter Eiche oder Esche, sowie in gekalkten Rahmen machen sich v.a. Aquarelle aus der ersten Hälfte des 20. Jahrhunderts gut. Schwarz gestrichene und dunkel gebeizte Holzrahmen, wie sie in den ersten zwanzig Jahren des 20. Jahrhunderts in vielen Ländern gang und gäbe waren, wirken heute zu düster.

Moderne Werke erlauben jedoch häufig eine kühnere Rahmung. Silber harmoniert gut mit vorwiegend kühlen Farben und dämpft leuchtende Pinktöne angenehm. Auch einfarbig gestrichene oder zusätzlich mit Gold oder Silber kombinierte Rahmen lassen sich effektvoll einsetzen. Das Rahmenprofil spielt bei der Einfassung von Aquarellen eine viel geringere

Links: Ein gestufter leuchtender Blattgoldrahmen mit tief eingelassenem schwarzem Karton bringt diese Arbeit (Mischtechnik) optimal zur Geltung.

Vier verschiedene Passepartouts erzielen bei ein- und demselben Aquarell (Gondel in Venedig) ganz unterschiedliche Effekte: Oben links: Die klassische Lösung mit zarter Farbumrandung und -linierung.

Oben rechts: Die reduzierte Farblinierung paßt zu modernen Werken. Als Minimalverzierung dient sie der Auflockerung des schlichten hellen Passepartouts.

Rolle als bei der Rahmung von Ölgemälden, es sei denn, es erfolgt eine direkte Rahmung. Wichtig ist allerdings, daß der Rahmen farblich gut auf das Bild abgestimmt ist. Glänzende Gold- oder Silberrahmen eignen sich für Gemälde in kräftigen Farben; Aquarelle in sehr zarten Tönen kommen hingegen in entsprechend unauffälligen Rahmen besser zur Geltung.

Gleichgültig, welche Art von »Papierbild« man rahmen möchte – wichtig ist, daß die Bild- und Passepartoutmaße in einem ausgewogenen Verhältnis stehen. In der Regel sollte man für ein 15 mal zwanzig Zentimeter großes Bild ein Passepartout mit sechs Zentimeter Randbreite wählen, für ein Bild von vierzig mal fünfzig bzw. sechzig mal achtzig Zentimetern sind etwa 7,5 bzw. neun Zentimeter Passepartoutbreite ausreichend; bei größeren Bildformaten benötigt man ein Passepartout von mindestens elf bis zwölf Zentimeter Randbreite. Unabhängig davon sollte der untere Rand des Passepartouts immer etwas breiter sein als die übrigen Ränder, auf jeden Fall aber breiter als der obere Rand, damit dieser nicht breiter als die anderen Ränder wirkt. Bei querformatigen Bildern genügt bei einem 7,5 Zentimeter breiten Passepartout eine untere Randzugabe von etwa einem Zentimeter, bei Hochformaten sollten es ein bis anderthalb Zentimeter sein. Passepartouts mit bis zu fünf Zentimeter Randbreite benötigen keine Randzugabe.

Für bestimmte Bilder ist ein Passepartout überflüssig, so z.B. für sehr große Aquarelle. In diesem Fall bietet sich ein kompakter, mindestens sieben Zentimeter breiter Rahmen mit einer Einlage oder einem Steg an. Griffe man statt dessen zu einem Passepartoutrahmen, würde man ein so großes und entsprechend schweres Rahmenglas benötigen, daß das Aufhängen problematisch würde. Auch ästhetische Gründe sprechen in manchen Fällen für eine direkte Rahmung. Kleine, sehr farbintensive Aquarelle oder Gouachen kommen in solchen Rahmen viel besser zur Geltung als in Passepartoutrahmen.

Manchmal können Aquarelle aus dem 19. Jahrhundert bei der Rahmung Probleme bereiten. Mitte des Jahrhunderts war es Mode, diese oft in kräftigen Farben gestalteten Bilder mit Goldpassepartouts – oft mit echter Blattgoldapplikation – zu umrahmen, vermutlich, um sie gegenüber Ölgemälden aufzuwerten. Doch ein leuchtendes Passepartout kann ein verblichenes Aquarell regelrecht erschlagen. Ist das Gold zudem von schlechter Qualität und daher fleckig geworden, wirkt das Ganze ausgesprochen trist. In solchen Fällen empfiehlt es sich, das Originalpassepartout gegen ein helleres, zart getöntes auszutauschen. Ist das Aquarell jedoch wertvoll und die Blattgoldapplikation noch intakt, sollte man Passepartout und Rahmen auf jeden Fall aufbewahren, denn beide tragen beträchtlich zum Gesamtwert des Kunstwerks bei.

Oben links: Ein dunkles Passepartout intensiviert die Farben eines Gemäldes. Dieses rote Außenpassepartout betont v.a. die warmen Farbtöne.

Oben rechts: »Verkehrtes« Doppelpassepartout: Statt ein dunkleres Außen- auf ein helleres Innenpassepartout zu legen, wurde hier umgekehrt verfahren, so daß das Innenpassepartout wie ein Innenrahmen wirkt. Die kräftige blaue Linierung unterstreicht die linearen Bildelemente.

Links: Dieser Rahmen in Silber und Blau paßt sowohl zu dem Passepartout mit schlichter Farblinierung als auch zu dem von Blau-, Grün- und Grautönen dominierten Aquarell.

PASTELLMALEREI

Pastellkreiden bestehen aus Pigmentpulver und Bindemittel (Gummiharz) und werden in Stiftform angeboten. Die ersten Pastellbilder entstanden Ende des 16. Jahrhunderts in Norditalien. Im 18. Jahrhundert erfreute sich die Pastellmalerei hauptsächlich in Frankreich großer Popularität, wo man v.a. Porträts mit Pastellkreiden ausführte.

Pastellfarben können, einmal aufgetragen, nicht mehr verändert, sondern höchstens unvollkommen übermalt werden. Daher läßt sich anhand des Gesamtfarbeffekts sofort beurteilen, ob der Künstler ein Könner ist. Pastellfarbe haftet auf der Papieroberfläche, dringt aber nicht in sie ein und kann sich daher leicht lösen oder verschmieren. Ein Fixiermittel schafft Abhilfe, macht die Farben aber stumpf. Man sollte ein Pastell daher nur sehr vorsichtig, am besten aber gar nicht fixieren. Manche Künstler setzten ihren Bildern erst nach dem Fixieren helle Flecken als Glanzlichter auf.

Pastelle benötigen umgehend nach der Fertigstellung einen Rahmen. Es empfiehlt sich, zwischen Bildoberfläche und Glas reichlich Abstand zu lassen, was ein starker Passepartoutkarton, ein Doppelpassepartout oder eine im Rahmenfalz angebrachte Leiste gewährleistet. Wie bei Aquarellen kann auch bei Pastellen das Passepartout mit einer farbigen Linie verziert oder insgesamt mit Aquarellfarbe abgetönt werden. Doch an den Innenkanten sollte man einen schmalen Streifen hell lassen. Auch Doppelpassepartouts bieten sich an. Als Malgründe für Pastellbilder werden meist grau oder licht-gelbbraun getönte Canson- oder Ingres-Papiere mit rauher Oberfläche verwendet. Sind die Farben deckend aufgetragen, sollte man die Passepartouttönung auf sie abstimmen. Sind dagegen Teile des getönten Papiers sichtbar, wirkt selbst bei einem sehr farbenfrohen Bild ein helles Passepartout u.U. langweilig und ein dunkles drückend. Ein Doppelpassepartout mit einem hellen Innen- und einem dunkleren Außenkarton ist hier die beste Lösung.

***Links:** Um die stark in den Vordergrund drängenden Weißbereiche dieses Pastellbildes aufzufangen, ist ein gebrochen weißes Passepartout mit auflockernder Farblinierung genau das richtige. Statt eines Goldrahmens wurde ein graugestrichener, zu den Gemäldefarben passender Rahmen gewählt.*

***Oben:** Dieses Bild mit seinen ausgesprochen satten Farben benötigt ein dunkles Passepartout. Dennoch wirkt beides zusammen keineswegs drükkend oder trist. Dem dunklen Rotbraun wird nämlich durch die helle Innenkante mit einem dekorativen Band aus antikisiertem Goldpapier alle Schwere genommen.*

Aufgrund ihrer Farbintensität und -brillanz lassen Pastellbilder häufig auch eine direkte Rahmung zu. Ideal dafür ist ein kompakter Rahmen, der das fehlende Passepartout ausgleicht. Eine in Gold, Silber oder farbig gehaltene Einlage oder ein dunkler Steg am Falz sorgen für den nötigen Abstand zum Rahmenglas. Ein Steg ist insbesondere dann hilfreich, wenn das Pastellbild nicht fixiert ist, da alle losen Pigmentteilchen auf die untere Leiste fallen können, ohne daß der Gesamteindruck des Rahmens beeinträchtigt würde.

Ölgemälde auf Papier und Ölpastellbilder werfen ähnliche Probleme auf. Wie traditionelle Pastellkreiden sind Ölpastellkreiden in Stiftform erhältlich; sie sind jedoch mit Öl gebunden und von größerer Farbintensität als normale Pastellfarben. Ölbilder auf Papier werden wie Aquarelle und Pastelle meist unter Glas gerahmt, da Papier nun einmal nicht so stabil ist wie Leinwand. Auch hier empfiehlt sich als »Abstandhalter« dicker Passepartoutkarton, eine Einlage oder ein Steg. Ein relativ dunkles Passepartout bringt ein Ölbild unter Glas am besten zur Geltung, denn die Schrägschnittkante wirkt als Reflektor, d.h., sie wirft einen Lichtschimmer auf das Bild. Bei einem Doppelpassepartout erfüllt der hellere Innenkarton dieselbe Funktion. Besonders gut wirkt ein Ölgemälde unter Glas mit einer schmalen Gold- oder Silbereinlage zwischen Bild und Passepartout.

Für Ölpastellbilder eignet sich eine direkte Rahmung. Wie bei Ölgemälden ist dabei ein etwas breiterer Rahmen angemessen. Das vergoldete Außenprofil und die grau-rote Platte sind auf die Farben des Stillebens abgestimmt. Für die Gestaltung der Platte wurde eine graue Deckschicht auf einen roten Grundanstrich aufgebracht und anschließend teilweise abgeschliffen. Die schmale Goldleiste schafft Abstand zwischen Bildfläche und Glas.

Links: Gilt es eine Zeichnung zu rahmen, ist gegenüber einem dunklen Passepartout Vorsicht angebracht. Diese Rötelskizze nach Fragonard kommt jedoch in einem Passepartout mit rostrotem Japanpapier sehr gut zur Geltung.

Unten: Hier erhielt dieselbe Zeichnung ein cremefarbenes Passepartout, das mit Name und Lebensdaten des Künstlers beschriftet wurde. Als Einfassung dient ein polierter Eichenrahmen.

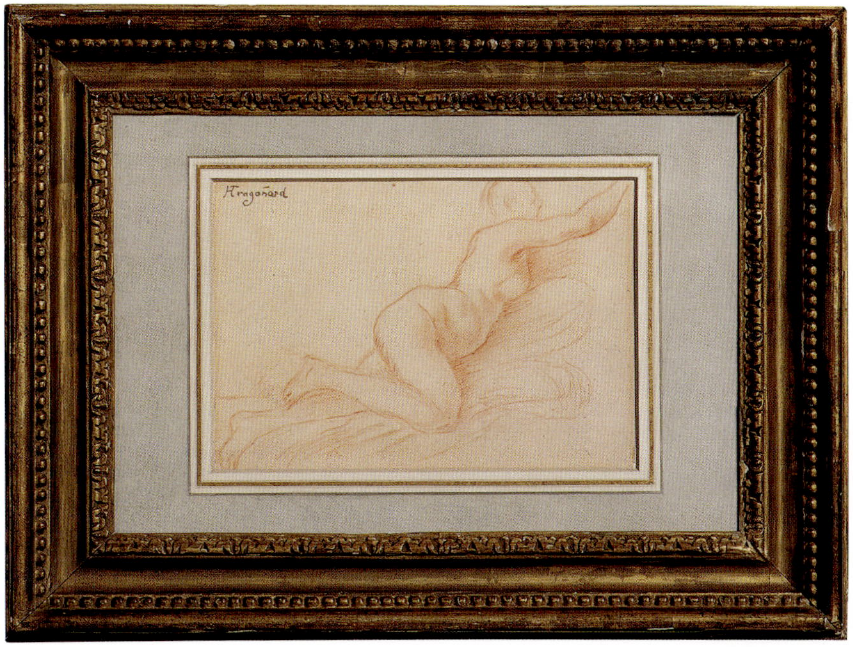

RÖTEL- UND BLEISTIFTZEICHNUNGEN

***Oben:** Hier dieselbe Zeichnung in einem traditionellen Rahmen. Das Passepartout wurde nach französischer Manier blau getönt, sepiafarben umrandet und mit einem Goldstreifen verziert. Der geschnitzte Louis-seize-Baguetterahmen ist polimentvergoldet.*

***Oben rechts:** Für Zeichnungen, die mit verschiedenen anderen Werken, darunter Aquarellen, zusammen gruppiert werden sollen, eignen sich Passepartouts mit konventioneller Farblinierung sehr gut. Dazu passen Marketerierahmen aus polierten Hölzern.*

Früher wie heute haben Zeichnungen meist Entwurfscharakter, spiegeln also ein Stadium in der Entwicklung des künstlerischen Werkes wider. Solche spontanen Skizzen vertragen keine kunstvoll gearbeiteten, reichverzierten Rahmen. Ausgewogenheit zwischen Zeichnung und Umrahmung ist hier das oberste Gebot.

Traditionell verwendet man für Zeichnungen getönte Passepartouts. In Frankreich beispielsweise war es ab Ende des 17. Jahrhunderts üblich, Zeichnungen in eine blau eingefärbte Umrandung zu setzen, die mit etwas Gold und einer Tuschlinierung verziert war und den Sepia- oder Rötelton der Zeichnung besonders gut zur Geltung brachte. Solche Passepartouts eignen sich auch für moderne Bleistiftzeichnungen. Seriöse Sammler bevorzugen für Zeichnungen meist einfache Passepartouts – je nach Papierfarbe in Creme oder gebrochenem Weiß. Mit einheitlichen Passepartouts lassen sich stilistisch oder thematisch verwandte Zeichnungen zu einer Kollektion zusammenfassen. Ein Passepartout mit einer dekorativen Umrandung, z.B. einer Farblinierung, kann sehr gut aussehen, wenn die Zeichnung in der Nähe von Aquarellen oder sonstigen Gemälden hängt. Die Farblinie muß jedoch so zart sein, daß sie nicht vom Bild ablenkt. Einen besonderen Effekt erzielt man mit abgetönten Passepartouts. Dunkle Farben betonen den linearen Charakter der Zeichnung, während mittlere Farbtöne die unterschiedlichen Tonwerte hervorheben. Auch hier gilt: Wenn nicht das Bild, sondern der Rahmen den Blick auf sich zieht, hat er seine Funktion verfehlt.

Von solchen Überlegungen sollte man sich leiten lassen, wenn man einen Rahmen aussucht. Früher waren Rahmen für Zeichnungen schlichter und schmaler als Rahmen für Ölgemälde, mögen sie uns heute auch noch so verspielt oder aufwendig erscheinen.

In Frankreich waren im 18. Jahrhundert die zurückhaltend-eleganten Baguetterahmen für Zeichnungen (z.B. Kreidezeichnungen) en vogue. Elegant und zurückhaltend sollten idealerweise auch moderne Rahmen sein: einfach vergoldet, furniert und/oder maßvoll verziert (z.B. mit Marketerie) oder einfach nur gewachst (z.B. Eichen- oder Eschenholz).

Rechts: Diese Tuschzeichnung auf transparentem handgeschöpftem Papier trotzt jedem konventionellen Rahmungsversuch. Auf hellen Karton gesetzt, wurde sie mit einem eleganten Blattkupferrahmen eingefaßt.

Unten: Diese ausdrucksstarke Kohlezeichnung von einer Industrielandschaft benötigt nichts weiter als ein großes helles Passepartout mit flachem, dunkelgrau gebeiztem Rahmen, um den Blick auf sich zu ziehen.

KOHLE- UND FEDER-ZEICHNUNGEN

Kohlezeichnungen sind im Strich kräftiger und im Ton dunkler als Bleistiftzeichnungen und daher zu aufdringlich für sehr zurückhaltende Rahmen. Das gleiche gilt in der Regel für Tuschzeichnungen mit ihrem relativ scharfen Strich.

Auch hier gilt es, zwischen Bild und Rahmen eine Balance herzustellen – etwa, indem man das Bild mit einem Passepartout in mittlerem oder dunklem Farbton und einem einfachen Rahmen kombiniert. Bei dieser Variante übernimmt vor allem das Passepartout die Rolle des ausgleichenden Elements. Für sehr dynamische, dramatisch wirkende Kohlezeichnungen empfehlen sich größere, eventuell stärker bearbeitete Rahmen mit hellen, breiten Passepartouts. Alternativ bieten sich dunkle, tief abgeschrägte Rahmen mit schmalem oder ganz ohne Passepartout an. Zwischen Zeichnung und Glas sollte genügend Abstand bleiben, so daß die Kohle an der Glasinnenseite keine Rückstände hinterlassen kann. Dies erreicht man mit Hilfe eines Kastenrahmens oder, weniger empfehlenswert, durch ein Doppelpassepartout aus starkem Karton.

Obwohl Tuschzeichnungen meist »leichter« als Kohlezeichnungen wirken, benötigen sie ein starkes, ausgleichendes Gegengewicht, beispielsweise in Form eines schwarzen Rahmens mit blassem Passepartout. Doch auch in Passepartouts in mittleren bis dunkleren Farbtönen und in kompakteren Rahmen kommen Tuschzeichnungen in vielen Fällen gut zur Geltung.

Links: Das venezianischrote Innenpassepartout setzt hier einen zarten Farbakzent. Das Außenpassepartout ist silbergrau, der schwarze Rahmen hat Prägedekor.

Manchmal lohnt sich eine sehr kunstvolle Rahmung, so z.B. bei dieser Reproduktion einer Kohlezeichnung von Georges Seurat. Der Rahmen im Stil des 19. Jahrhunderts verleiht dem Bild eine Aura von Kostbarkeit und Erhabenheit. Dazu paßt das typisch französische blaßgrüne Passepartout.

Rechts: Bei dieser französischen Karikatur aus dem 19. Jahrhundert ist im Laufe der Zeit die Tusche ausgeblichen. Das elfenbeinfarbene Innenpassepartout lenkt den Blick des Betrachters auf die Zeichnung. Damit das Ganze nicht zu blaß wirkt, erhielt der Rahmen ein Finish in Ochsenblutrot und Gold.

Unten: Ein »Macaroni«, wie man im England des 18. Jahrhunderts einen Dandy nannte. Da dieser Herr auch ohne »Beiwerk« bereits genügend auf sich aufmerksam macht, reicht als Bildeinfassung ein schlichter Rahmen mit Mahagonifurnier. Das blaugetönte Passepartout korrespondiert mit der Farbe des Gehrocks.

Oben: Die Cartoons des englischen Malers William Heath Robinson sind detailreich und so kräftig in der Farbgebung, daß ein breites helles Passepartout und ein dezenter gerippter Rahmen vollkommen ausreichen.

CARTOONS UND KARIKATUREN

Cartoons, Karikaturen und Illustrationen sind – verglichen mit Kohle- und Bleistiftzeichnungen – von eher heiterer Natur und erlauben daher auch eine originelle Rahmung, die dem Bild allerdings nicht die Schau stehlen darf. Cartoons und Karikaturen leben von ungewöhnlichen Effekten – man denke nur an die »wilden« Aquarelle eines Rowlandson, die sinistren Darstellungen eines Charles Addams oder die frechbunten »Seestücke« eines Donald McGill –, sind aber meist kleinformatig. Aufgabe des Passepartouts und des Rahmens ist es, das Interesse des Betrachters zu wecken. Für Werke des humoristischen Genres ist daher eine kühne Rahmung meist lohnend. Ein übergroßes Passepartout z.B. ist geeignet, wenn man die Aufmerksamkeit auf einen ganz kleinen Cartoon lenken möchte. In eine Schwarzweißzeichnung bringt man Leben, indem man das Passepartout mit farbenfrohen Linien verziert. Eine solche Farbumrandung läßt sich ohne weiteres für eine humorvolle Bildunterschrift unterbrechen. Eine ausgesprochen gute Wirkung erzielt man auch, wenn man den Rahmen farblich auf die Zeichnung oder den Druck abstimmt, also beispielsweise eine dominierende Farbe wiederaufnimmt.

Bildunterschriften, Kommentare oder Witze müssen sichtbar bleiben. Falls die Originalhandschrift der Künstlerin oder des Künstlers noch gut lesbar ist, sollte sie möglichst in einem Extrafenster präsentiert werden. Andernfalls besteht die Möglichkeit, die Inschrift in gedruckter oder handgeschriebener Form direkt auf dem Rahmen anzubringen.

Links: Anfang des 20. Jahrhunderts experimentierte der Cartoonist H. E. Bateman mit einer frühen Form des Comic strips. Dieses Passepartout erhielt drei Fenster für die beiden Bildsequenzen und eine handgeschriebene Bildunterschrift. Die zartgetönte Umrandung signalisiert, daß es sich um ein Gesamtkunstwerk handelt.

Unten: Manchmal ist ein kompakter schwarzer Rahmen die beste Lösung für einen Cartoon, so auch bei dieser Arbeit von Annie Tempest. Er faßt die Bildkomposition mit den beiden schwarzen »Randfiguren« noch einmal zusammen.

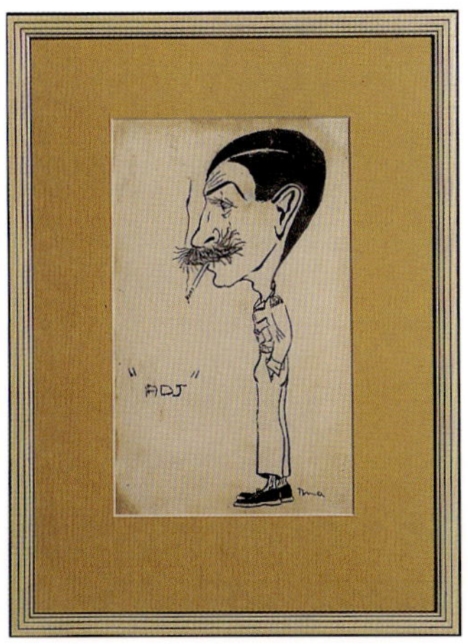

Rechts: Hier lenkt das gelbliche Passepartout den Blick von dem arg mitgenommenen Zeichenpapier ab. Zum Blickfang wird hier der cremefarbene, schwarz linierte Rahmen.

AUSGEFALLENE RAHMEN

Bilder, auf denen Themen aus der Welt des Theaters – z.B. des Balletts oder der Oper – dargestellt sind, können im allgemeinen von ausgefallenen Rahmen nur profitieren. Oft bietet es sich an, die inhaltliche wie farbliche Dramatik von Bühnenbild- und Kostümentwürfen auf Passepartout und Rahmen zu übertragen, also entsprechend extravagante Einfassungen auszusuchen. Das Bild ist einer solchen »Umgebung« meist durchaus gewachsen. Passepartouts, die mit Stoff, insbesondere mit Seide, bezogen sind, harmonieren in der Regel gut mit dem Druck oder Gemälde. Wählt man zudem einen lebhaften Farbton, erzielt man einen besonders »dramatischen« Effekt. Gegenüber Farbtönen, die das Bild beherrschen, ist allerdings Zurückhaltung angebracht. Wiederholt man beispielsweise auf dem Passepartout ein großflächig aufgebrachtes Rot, ist das vermutlich zuviel des Guten. Besser ist hier die Wahl einer untergeordneten Farbe. Manche Kostümentwürfe sind sogar mit Stoffmustern ausgestattet. Diese bieten einen guten Anhaltspunkt für die Gestaltung des Passepartouts.

Auch handgeschöpftes Papier, wie Ingres- oder Fabriano-Papier oder Japan- und Indienpapier in diversen Farbtönen, eignet sich als Passepartoutverkleidung. Ebenso bieten sich bunte exotische Bordüren an, mit denen sich gleich auf mehrere Bildelemente anspielen läßt. Damit das Passepartout am Ende nicht überladen wirkt und irritiert, anstatt zu gefallen, sollte man seine farbliche Gestaltung und das Dekor sehr sorgfältig planen. Gelegentlich mag jedoch ein ausgefallenes Passepartout genau das richtige sein. Viele alte Theaterdrucke gewinnen durch eindrucksvolle Rahmen.

Mut zu kreativen Lösungen sollte man also durchaus aufbringen – etwa, indem man sich für einen Rahmen mit Stuckgipsdekoration oder Farbfinish entscheidet. Für Tusche- oder Kohlezeichnungen eignen sich schwarze Rahmen optimal. Ist das Passepartout relativ schlicht, kommt auch ein aufwendig gestalteter Rahmen in Frage. Für Bühnenbildentwürfe sollte man ruhig zu farbintensiven Passepartouts bzw. Rahmen greifen, für andere Werke zu Antikrahmen.

Links: Ausgefallene Werke machen sich hervorragend in Passepartouts in kräftigen Farben mit reichverzierten Streifen aus Spezialpapier oder in Passepartouts aus stoffbezogenem Karton.

Unten: Ein origineller Rundbogenrahmen für die Darstellung eines Proszeniums. Das Finish greift die Brauntöne des Drucks auf, während die Vorhänge eine konventionelle Einlage ersetzen.

Dieses auffällige Rahmendesign ist von äußerst dekorativer Wirkung: reichverziertes Passepartout mit vergoldeter Schrägschnittkante, schwammgetupftem Dekor nahe der Innenkante und blau abgetöntem Außenbereich und ein Blattgold-Antikrahmen mit Stuckgipsblätterwerk.

ALTE DRUCKE

Rechts: Im 18. Jahrhundert war es in England üblich, Drucke zuzuschneiden und direkt zu rahmen – so wie diese Illustration aus dem Roman Tom Jones, *die in einen vergoldeten Hohlkehlrahmen mit verzierter Sichtkante eingefaßt wurde. Vollständig erhaltene Drucke sind selten – und wertvoll.*

Frühe Druckverfahren wie Holzschnitt, Kupferstich und Radierung nebst Varianten wie Mezzotinto und Aquatinta erlaubten im Gegensatz zu heutigen maschinellen Verfahren nur die Herstellung relativ kleiner Auflagen. Erst Anfang des 19. Jahrhunderts konnten infolge der Entwicklung der Lithographie und des Stahlstichs auch größere Auflagen produziert werden. Auch heute noch greifen Künstlerinnen und Künstler für die Herstellung von Originaldrucken, d.h. Blättern, die sie eigenhändig oder in Zusammenarbeit mit einem Drucker angefertigt haben, auf diese Druckverfahren zurück. Originaldrucke werden in limitierter Auflage produziert und in der Regel vom Künstler handsigniert.

Heute werden Drucke mit Hilfe industrieller Druckverfahren serienmäßig, manchmal zu Tausenden produziert. Diese Blätter haben keinen oder nur einen geringen Wiederverkaufswert, so daß man bei der Rahmung konservatorische Gesichtspunkte außer acht lassen kann. Anders verhält es sich mit alten Originaldrucken, also mit Blättern alter Meister sowie Drukken, die Mitte des 19. Jahrhunderts oder früher entstanden sind. Der Wert solcher Drucke hängt davon ab, in welchem Zustand sie sind und wie viele Exemplare davon noch existieren.

Vollständig erhaltene Blätter sollten keinesfalls zugeschnitten oder gefaltet werden, da dies ihren Wert drastisch mindern würde. Ist ein alter Druck jedoch bereits zugeschnitten, rahme man ihn ohne weitere Bearbeitung. Auf gar keinen Fall darf bei Originalstichen oder -radierungen durch Falten oder Zuschneiden die Prägung beschädigt werden – jene Linie um das Bild, die durch den Druck entsteht, den die Metallplatte beim Druckvorgang auf das Papier ausübt.

Für alte Drucke – aber auch für Zeichnungen und Aquarelle – empfiehlt sich ein Passepartout aus säurefreiem Karton. Hat der Künstler für einen relativ kleinen Druck ein großes Papierformat gewählt, bedarf es eines entsprechend breiten Passepartouts. In diesem Fall greifen Kunstsammler meist zu einem schlichten cremefarbenen oder weißen Passepartout. Alternativ bietet sich ein Doppelpassepartout an, z.B. ein großzügiges Innenpassepartout mit einem etwas dunkleren Außenpassepartout. Das Innenpassepartout kann lediglich liniert oder abgetönt und liniert werden. Für Farbdrucke eignen sich Farbumrandungen. Eine Verzierung in kreidigem Blau oder Sepia paßt gut zu monochromen sepiafarbenen Drucken.

Wenn der Druck bereits zugeschnitten ist, ist eine direkte Rahmung – die früher übrigens sehr beliebt war – eine Alternative. Der dafür ausgewählte Rahmen sollte auf jeden Fall breiter sein als ein entsprechender Passepartoutrahmen. Früher wurden Drucke, die einen Rahmen ohne Passepartout erhielten, einfach zwischen Glas und Rahmenrückwand geklemmt. Bei wertvollen, insbesondere handkolorierten Drucken empfiehlt es sich jedoch aus konservatorischen Gründen, Kartonleisten oder Stege zwischen Glas und Druck anzubringen.

Unten: In Frankreich wählte man zur Einfassung von Drucken Passepartoutrahmen. Schmale Farblinierungen und Goldpapierstreifen waren gängige Passepartoutverzierungen.

Unten: Dieser Stich wirkt durch ein sehr breites Doppelpassepartout besonders markant. Die Sepialinierung auf dem Innenpassepartout erzeugt die Illusion eines Innenrahmens.

Rechts: Soll ein alter Druck einen historischen Rahmen erhalten, muß dieser nicht vergoldet oder schwarz sein. Dieser elegante polierte Holzrahmen mit Eckverzierung aus Messing im Stil der Epoche ist heute leicht nachzubauen.

Unten: Im 18. Jahrhundert wurden Drucke vielfach mit dem schwarz-goldenen Hogarth-Rahmen eingefaßt. Reproduktionen sind heute leicht erhältlich.

Rechts: *Diese zart kolorierte Lithographie darf vom Rahmen nicht erdrückt werden. Die beiden feinen Goldrahmen sind lediglich durch eine cremefarbene, mit Seide bezogene Schräge miteinander verbunden und lenken den Blick direkt auf das Bild.*

Hier wurde ein tief abgeschrägtes Passepartout gewählt, dessen Elfenbeinton mit den grauen und cremefarbenen Tönen des Drucks harmoniert. Eine hellgraue Linie dient der optischen Unterbrechung der großen hellen Fläche. Dazu ein blaugrauer Rahmen mit Goldkanten.

KÜNSTLERDRUCKE

Für die Rahmung von Künstlerdrucken des 19. und 20. Jahrhunderts gelten dieselben Regeln wie für die Einfassung alter Originaldrucke. Im Unterschied zu serienmäßig hergestellten Drucken werden Künstlerdrucke in kleinen Auflagen mit den Druckverfahren des 16. bis 18. Jahrhunderts – Holzschnitt, Metallstich, Radierung und Lithographie – von Hand gefertigt. Es handelt sich um Originalkunstwerke, die von den Künstlern selbst oder nach deren Anweisung ausgeführt werden. Hinsichtlich der Rahmung werden sie wie historische Schwarzweißzeichnungen oder Aquarelle behandelt.

Für Schwarzweißdrucke mit kräftiger Linienführung oder großen dunklen Flächen eignen sich schwarze oder dunkelgraue Holzrahmen gut. Für Drucke mit zarter Linienführung sind zurückhaltend wirkende Rahmen mit feinem Gold-, Silber- oder hellem Farbfinish angebracht. Wie andere Arbeiten auf Papier auch sind Künstlerdrucke in cremefarbenen, gebrochen weißen, grauen oder graublauen Passepartouts am besten aufgehoben. Bei großformatigen Drucken mit breitem Büttenrand ist es ratsam, den Druck auf Karton aufzuziehen, damit der Büttenrand sichtbar bleibt. Er übernimmt hier die Funktion des Passepartouts, einen optischen Übergang zwischen Bild und Rahmen zu schaffen. Als Einfassung dient dann ein Kastenrahmen mit tiefem Falz und einer Zwischenleiste von mindestens einem Zentimeter Stärke, so daß ausreichend Abstand zwischen Druck und Rahmenglas bleibt.

Oben: Als Einfassung für diesen kräftigen Holzschnitt, auf dem eine bosnische Stadt zu sehen ist, eignen sich ein lackierter, schlichter dunkelgrauer Rahmen und ein cremefarbenes Passepartout optimal.

Links: Für diese Farbradierung in sattem Gold und Tintenblau kam nur ein unkonventioneller, farblich korrespondierender Rahmen in Frage. Er liegt ohne Passepartout direkt auf dem Druck auf.

Oben und rechts: Die durchbrochene Farbstruktur auf diesem Rahmen wurde durch Schwammtupfen mit Hellgrün und Gold erzielt. Als Einfassung für eine Aktdarstellung (Lithographie) wirkt er zurückhaltend-elegant.

Oben: Dieser Druck, auf dem unterschiedliche Kapitelle abgebildet sind, bekommt durch den schwarzen Rahmen Halt.

Unten: Früher legte man Drucke häufig unter Glas, das auf der Rückseite schwarz angestrichen (eglomisiert) wurde. Schön ist dazu ein schwarzer Rahmen mit goldener Sichtkante.

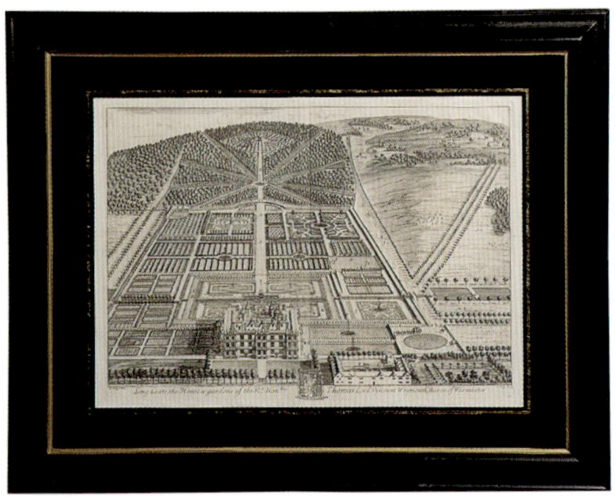

ARCHITEKTUR-DRUCKE UND LANDKARTEN

Für die Rahmung von Architekturdrucken und Landkarten bieten sich hinsichtlich der Passepartoutfarben und -verzierungen, der Rahmenproportionen und Finishs viele innovative Gestaltungsmöglichkeiten an. Insbesondere großformatige Drucke, die oft eine Aura des Erhabenen und »Formellen« umgibt, werden die Blicke auf sich ziehen und kommen in farbenprächtigen Passepartouts und eindrucksvollen Rahmen am besten zur Geltung.

Dunkle Passepartouts, z.B. in Flaschengrün, Burgunderrot, Preußischblau, aber auch Schwarz, eignen sich für Farbdrucke ebenso wie für Schwarzweißdrucke. Für einfarbige Drucke kommen auch Passepartouts in leuchtenden Farben in Frage. Die handelsüblichen Passepartoutkartons sind in zahlreichen Farbtönen erhältlich, doch bieten sich auch andere Möglichkeiten an. So kann der Karton samt Schrägschnittkanten beispielsweise mit speziellem Strukturpapier bezogen werden. Handgeschöpftes Japanpapier etwa bekommt man in ganz anderen Farbtönen und Strukturen als in Europa oder

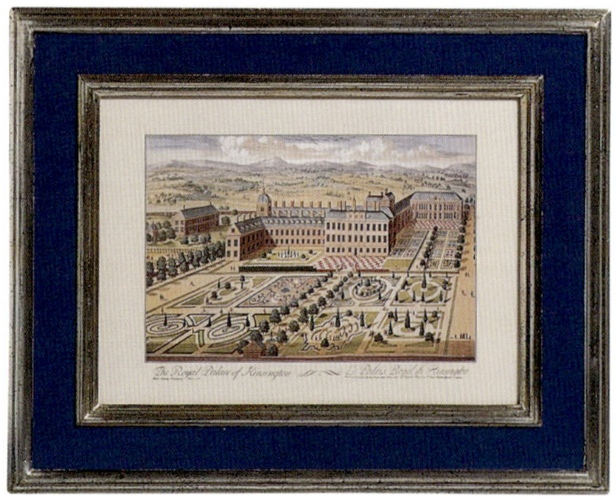

Oben rechts und unten: Zwei sehr unterschiedlich gerahmte Landkarten. Zu der zurückhaltend kolorierten Spanienkarte passen das zart getönte Passepartout und der Blattkupferrahmen ausgezeichnet. Demgegenüber harmonieren mit der Portugalkarte ein dunkelgrünes Passepartout und ein in gedämpftem Gold gestalteter Rahmen. Dunkelgrün verwendete man häufig auch zur Kolorierung von Landkarten.

Links: Die Goldrahmen mit dunkelblauer Platte bringen die Farbdrucke sehr dekorativ zur Geltung.

Nordamerika produziertes Papier. Besonders reizvolle Effekte erzielt man durch die Verarbeitung von Seide oder Leinen; im Handel gibt es eine Fülle stoffbezogener Kartons. Ein guter Rahmenhersteller wird Ihnen auf Wunsch auch ein geeignetes Material Ihrer Wahl auf den Passepartoutkarton aufziehen. Der einzige Nachteil von stoffbezogenen Passepartouts ist, daß sich darauf nur schwer Verzierungen aufbringen lassen, doch ein Doppelpassepartout löst auch dieses Problem. Ausgesprochen elegant wirken Passepartouts, die mit Aquarell- oder Gouachefarbe zart eingefärbt und lediglich an der Sichtkante mit Gold verziert oder mit einer Linie in einer kontrastierenden Farbe umrandet werden.

Als Bildeinfassungen bieten sich in erster Linie Goldrahmen an. Ist ein alter, guterhaltener Goldrahmen vorhanden, sollte er aufgefrischt und das verblichene oder fleckig gewordene Passepartout gegen ein interessantes neues ausgetauscht werden. Neue, großzügig bemessene Rahmen mit antikisiertem Goldfinish oder Blattgold passen gut zu farbigen Passepartouts.

Schwarze Rahmen sind meist auch eine gute Wahl – insbesondere für schwarzweiße Architekturdrucke. Damit sie nicht ganz so düster wirken, kann man sie mit Gold kombinieren oder mit Farbelementen verschönern, z.B. mit einem Grundanstrich in einer warmen Farbe oder einem Finish in einem helleren Ton. Ein dunkelgrüner oder dunkelroter Rahmen wirkt dramatisch und sollte daher mit einem relativ unauffälligen Passepartout in einem mittleren Farbton kombiniert werden. Eine zusätzliche Farblinie reicht als Passepartoutverzierung bereits aus. Auch Rahmen mit Marmor- oder Holzimitat kommen in Frage.

Bei der Rahmung kleinformatiger Architekturdrucke und topographischer Karten verfährt man im Grunde genauso, betreibt allerdings etwas weniger optischen Aufwand. Häufig werden mehrere Drucke mit architektonischen Details in einem Rahmen zusammengefaßt. Das Passepartout erhält dann entsprechend viele Fenster. Damit ein einheitlicher Gesamteindruck entsteht, wird anschließend ein zweites Passepartout darübergelegt. Auch wenn man einen Satz kleiner Drucke rahmen möchte, ist diese Lösung der separaten Aufhängung vorzuziehen.

Topographische Karten – Landschafts- und Stadtansichten – wirken meist längst nicht so aufsehenerregend wie schwarzweiße Architekturdrucke. Vielmehr gleichen sie optisch oft Aquarellen, so daß für sie eine entsprechend zurückhaltende Rahmung mit sensibler Farblinierung auf dem Passepartout geeignet erscheint. Holzrahmen mit oder ohne Blattgoldverzierung bringen diese Drucke gut zur Geltung.

Es liegt in der Natur der Sache, daß Landkarten weit weniger als beispielsweise Architekturdrucke auf die Bildwirkung hin komponiert sind. Ihre Rahmung unterliegt daher auch anderen Gestaltungskriterien. Zu Landkarten passen dunkle Passepartouts mit Farblinierungen oder sonstigem Dekor. Doch Vorsicht: Bei alten Landkarten, die bereits Farbumrandungen aufweisen, sollte man auf dem Passepartout nicht unbedingt eine weitere Linie anbringen, insbesondere wenn die Originalumrandung in einer kräftigen Farbe gehalten ist. Ähnliches gilt für den Rahmen. Grundsätzlich empfiehlt es sich, für Landkarten schmalere Rahmen als für Architekturdrucke zu wählen.

Rechts: Bei der Rahmung dekorativer Drucke geht es in erster Linie darum, deren optischen Effekt zu steigern. Hier ein Rahmen in Rot, Schwarz und Gold als gelungener Blickfang für die Darstellung eines Interieurs im orientalischen Stil.

Unten: Seestücke wurden früher gerne in Rahmen mit »Seil«verzierungen eingefaßt. Der Rahmen unten knüpft an diese Tradition an. Hier springt die Seilverzierung durch die Vergoldung ins Auge. Sie balanciert aber auch den breiten Goldstreifen an der Sichtkante optisch aus.

Links: Der Rahmen ist farblich exakt auf bestimmte Bilddetails abgestimmt. Eine interessante Note erhält er durch den Bambuseffekt.

DEKORATIVE DRUCKE

Mittlerweile gibt es eine schon fast nicht mehr überschaubare Fülle von dekorativen Drucken. Ihre Sujets und Motive umfassen Blumen, Schalentiere, Fische und andere Tiere ebenso wie Nahrungsmittel, Kostüme und Modeentwürfe oder Heißluftballons, Schiffe und Autos. Dazu kommen die klassischen Themen des 19. Jahrhunderts und Genredarstellungen wie z.B. Straßenverkäufer beim Feilbieten ihrer Waren. Auch alte Exlibris und Illustrationen aus Kinderbuchklassikern sind sehr dekorativ.

Ab Mitte des 19. Jahrhunderts konnten dank der Lithographischen Schnellpresse Drucke serienmäßig produziert werden. Heute werden Drucke fast nur noch mit Hilfe fotografischer Druckverfahren hergestellt, d.h., sie sind praktisch unbegrenzt reproduzierbar. Dekorative Drucke sind heute überaus beliebt, einfach zugänglich und weitaus preisgünstiger als die Originalwerke. Für Sammler bietet sich zudem eine gute Auswahl an Originalaquatinten und -stichen aus dem 19. Jahrhundert. Manche Galerien haben sich infolge der gestiegenen Nachfrage auf die Präsentation dekorativer Drucke spezialisiert.

Da dekorative Drucke, wie der Name schon sagt, in erster Linie schmückende Funktion haben, sollte man bei der Auswahl darauf achten, daß sie farblich und/oder thematisch zu den Räumen passen, in denen sie hängen werden. So sind beispielsweise Blätter mit Pflanzenmoti-

Links und rechts: Ein Krakeleefinish wirkt sehr dekorativ. Hier vermitteln die mittelblau abgesetzten Bereiche den Eindruck von Bewegung.

Rechts: Soll ein ganzer Satz von Drucken präsentiert werden, ist bei der Rahmengestaltung Zurückhaltung angebracht. Hier bildet das gebrochen weiße, mit Gesso behandelte Passepartout jeweils einen schönen Übergang zum Blattgoldrahmen. Das Lilienmotiv als Eckornament eignet sich für Pflanzendrucke besonders gut.

Links: Goldgelb wie die Fischschuppen leuchtet auch der elegante Blattgoldrahmen. Das schlichte Passepartout ist lediglich an der Schrägschnittkante vergoldet. Dieses Beispiel belegt, daß auch zartgetönte Rahmen äußerst dekorativ wirken können.

Rechts und unten: Für Pflanzendrucke wie diesen Kupferstich, der im 18. Jahrhundert in Deutschland entstand, eignen sich meist Passepartouts mit traditioneller Farbumrandung und Goldrahmen mit minimaler Verzierung.

ven für einen Wintergarten und Nahrungsmitteldarstellungen für die Küche angemessen. Beliebt ist auch die Präsentation von Drucken, die auf individuelle Hobbys (z.B. eine bestimmte Sportart) oder Vorlieben (z.B. in Sachen Mode) anspielen.

So vielfältig die Sujets, so zahlreich auch die Möglichkeiten in bezug auf die Rahmengestaltung. Man kann dekorative Drucke wie Aquarelle behandeln, also relativ schlicht rahmen. Doch der Mut zu unkonventionellen Lösungen zahlt sich gerade bei diesem Genre oft aus. So wirken bunte und ausgefallene Passepartoutverzierungen oft ausgesprochen ansprechend. Bei der Auswahl von Passepartouts und Rahmen kann man sich eventuell an Stoff- und Farbmustern orientieren – ohne sie deshalb als das Nonplusultra zu betrachten. Eine interessantere Wirkung erzielt man, wenn man im Passepartout einen bestimmten Farbton aus dem Bild aufgreift und ihn z.B. mit einer Linie verziert, deren Farbe sich in dem Raum wiederfindet, in dem das Bild aufgehängt werden soll.

Daneben bieten sich auch unkonventionelle Dekorationstechniken wie Schablonieren, Stupfen oder Schwammtupfen an. Anstelle der üblichen Farbumrandungen kann man Streifen marmorierten oder in anderer Weise strukturierten

Diese Lithographien aus dem 19. Jahrhundert stammen aus Frankreich. Sie sind unter Glas gerahmt, das nach Aufbringung der Goldstreifen eglomisiert wurde. Die Blattgoldrahmen mit schwarzem Mittelbereich passen dazu ausgezeichnet. Der Text wurde als informative »Bildzugabe« mitgerahmt.

Papiers anbringen, das sich im Falle eines Doppelpassepartouts auch zum Abdecken des inneren Kartons anbietet. (Zahlreiche Vorschläge für die dekorative Gestaltung von Passepartouts finden Sie im Kapitel *Das Rahmenhandwerk*, S. 128–129.)

Seit Anfang des 18. Jahrhunderts werden Gold- und Schwarzglas, sogenanntes eglomisiertes Glas, ebenfalls für die Rahmung von Drucken verwendet. Unter Eglomisieren versteht man, daß das Glas auf der Rückseite schwarz gestrichen wird. Wenn man es als Rahmenglas verwendet, ist daher ein Passepartout überflüssig. Meist werden beim Anstreichen schmale Streifen ausgespart, die dann mit einer glänzenden Folie hinterlegt werden. Auf die gleiche Weise lassen sich unterhalb des Drucks Bildunterschriften oder Titel anbringen.

Interessante Effekte lassen sich auch mit Hilfe entsprechender Rahmen erzielen. Holzrahmen mit Ahorn- oder Walnußfurnier, aber auch Marketerierahmen sind häufig einen Versuch wert. Ein getünchter oder mit einem komplizierteren Finish versehener Rahmen kann ebenfalls sehr markant wirken. Zusätzliche dekorative Details wie Medaillons auf den Rahmenecken oder gemusterte Einlagen verleihen einem Rahmen eine ganz besondere Note. Besonders individuell wirken Rahmen, deren Verzierungen das Bildmotiv quasi kommentieren. Mit Bambus beispielsweise kann man auf fernöstliche Themen anspielen, mit Seilverzierungen auf Meeresmo-

Rechts: Antikrahmen mit aufwendigen Schnitzereien an den ausladenden Ecken und in den Mittelbereichen. Solche Rahmen waren im frühen 19. Jahrhundert – als diese Aquatinta entstand – für Darstellungen aus dem Sportbereich beliebt. Die breite vergoldete Einlage ersetzt das Passepartout.

Unten: Der Rahmen mit Schildpatteffekt paßt ausgezeichnet zu dieser schönen Schildkrötendarstellung und macht jedes weitere Dekor überflüssig. Früher verarbeitete man echte Schildpattfurniere; ab Ende des 16. Jahrhunderts wurde Schildpatt zunehmend imitiert.

Links: Holzrahmen mit Ahornfurnier auf abgeschrägten Rahmenleisten (wie hier) oder Rahmen mit Barockprofil fanden ab dem 18. Jahrhundert für Darstellungen aus dem Pferdesport und verwandten Bereichen Verwendung.

Oben: Zwei Pflanzendrucke in handgeschnitzten Rahmen (um 1750) mit Polimentvergoldung auf rotem Ton. Eingravierte Blütenmotive zieren die Eckbereiche. Das Finish wurde künstlich auf alt getrimmt und anschließend poliert.

Links und oben links: Im Gegensatz zu dem Wandermusikanten wirkt der Rahmen nicht überladen. Der Rotbraunton der Platte korrespondiert mit der Grundtönung des Drucks. Die Goldverzierungen in den Ecken wurden mit Schablonen aufgebracht und wiederholen Bilddetails.

tive, eingekerbte Fischschuppen ergänzen Fisch- und gemalte Schildpattmuster Schildkrötendarstellungen. Der Phantasie sind hier keine Grenzen gesetzt. Denn anders als bei Gemälden, Zeichnungen und anderen Originalkunstwerken geht es hier hauptsächlich darum, Bild und Rahmen zu einem Gesamtkunstwerk zu verbinden, das die Blicke auf sich zieht.

Gelegentlich mag der für den Druck vorgesehene Platz an der Wand einen Rahmen mit einem ganz speziellen Finish erforderlich machen. Dies gilt oft ebenso für Darstellungen mit sehr charakteristischen Stilmerkmalen. Zu naiver Malerei beispielsweise, ob echt oder imitiert, paßt meist ein Rahmen mit sehr individuellem Finish. Für die Herstellung eines solchen Rahmens sind gutes Stilempfinden und eine sichere Hand unabdingbar – es gilt also, einen Rahmenbauer mit künstlerischem Talent zu finden. Wem als Rahmenverzierung ein bestimmtes Motiv aus einem alten Muster- oder Ornamentenbuch vorschwebt, sollte jedoch nicht darauf bestehen, daß dieses Motiv exakt kopiert wird. Es sollte lediglich als Orientierungshilfe dienen. Vertrauen Sie den Fähigkeiten und dem Urteilsvermögen des Rahmenherstellers.

Eine der einfachsten und traditionsreichsten Dekorationsmethoden, die zudem ein kalkulierbares Ergebnis liefert, ist das Schablonieren. In der frühamerikanischen Rahmenkunst war es sehr populär, doch auch heute noch passen Rahmen mit Schablonenmuster gut zu naiven Gemälden. Diese Muster lassen sich als fortlaufende Bänder, als Eckdekors oder nur in den Mittelbereichen der Rahmenleisten anbringen.

Für handgemalte Muster muß man größeres künstlerisches Talent und ein sensibles ästhetisches Gespür mitbringen. Im Gegensatz zu Schablonenmustern eignen sie sich häufig nicht als End-, wohl aber als Zwischenfinish, das anschließend als Versiegelung ein oder zwei hauchdünne Anstriche mit Farbtünche oder getöntem Lack erhält.

Wählt man einen farbigen und/oder reichverzierten Rahmen für einen Druck, erübrigt sich ein Passepartout. Man kann serienmäßig gefertigte Drucke auch direkt, d.h. ohne »Abstandhalter«, unter Glas rahmen, was ihre optische Wirkung erhöht.

Oben: Breite Plattenrahmen eignen sich sehr gut für Motivdekorationen. Kratzspuren und Schraffur spielen auf die sprießenden Grashalme an.

Rechts: Farben und Dekorationsschema dieses Rahmens sind von den Bildmotiven inspiriert, ohne sie jedoch zu kopieren.

POSTER UND GRAPHIKEN

Links und unten: Das französische Filmposter aus den 1930er Jahren kommt in einem breiten elfenbeinfarbenen Holzrahmen mit Rillen und vergoldetem Innenprofil sehr gut zur Geltung.

Poster stellen innerhalb der Druckgraphik ein eigenes Genre dar, das im wesentlichen durch ein Miteinander von Bild und Text gekennzeichnet ist. Poster sind in erster Linie dazu da aufzufallen. Aufgrund ihrer optischen Präsenz empfiehlt sich eine einfache Rahmung, die ihnen nicht die Schau stiehlt. Ein Posterrahmen ist also in erster Linie ein funktionaler Gegenstand.

Am einfachsten ist es, das Poster auf einen etwa zwei Zentimeter starken Karton derselben Größe aufzuziehen. Danach bringt man eine Versiegelung auf. Die Kanten des Kartons werden in einer dunklen Farbe oder schwarz gestrichen. Hängt man das Poster anschließend auf, kommt es optimal – und pur – zur Geltung. Da eine Verglasung nicht erforderlich ist, eignen sich aufgezogene Poster für die Dekoration von Kinderzimmern besonders gut. Sind sie aber erst

Oben: Dieser sachlich-schlichte Lackrahmen in Rot ist für das Anfang des 20. Jahrhunderts entstandene Poster wie geschaffen.

***Rechts:** Für Poster und moderne Drucke eignen sich v.a. schmale Holz- oder Aluminiumrahmen mit einfachem Profil. Mit Finishs in schlichtem Silber oder Gold sowie Farblackfinishs lassen sich minimalistische Effekte erzielen. Solche Rahmen sind insbesondere für graphische Werke ideal.*

einmal aufgeklebt, können sie nur unter Schwierigkeiten wieder von der Unterlage entfernt werden, d.h., für wertvolle oder nur noch in begrenzter Stückzahl erhältliche Arbeiten kommt Aufziehen nicht in Frage. Wer seine Poster schonen möchte, »rahmt« sie daher mit einem handelsüblichen rahmenlosen Bilderhalter.

Besonders gut eignen sich Aluminiumrahmen für Poster. Ihre schnittige Form und das metallische Finish ergänzen Bild und Text auf ideale Weise. Zudem sind sie so stabil, daß sogar bei sehr großen Formaten schmale Leisten die Regel sind. Aluminiumrahmen gibt es schon seit längerem nicht mehr nur in Silber- und Messingtönen, sondern auch in Schwarz und vielen anderen Farben. Manche Rahmen haben sogar einen Steg, so daß das Kunstwerk nicht mit dem Glas in Berührung kommt. In ihnen sind wertvolle alte und empfindliche Poster bestens aufgehoben. Auch moderne, meist sehr farbenfrohe Drucke kommen in Aluminiumrahmen gut zur Geltung.

Als Alternative bieten sich Holzrahmen mit matten oder Hochglanz-Farbfinishs an, aber auch schlichte Rahmen aus poliertem Holz. Mit einfachen flachen oder leicht gerundeten Formen liegt man selten falsch. Rahmen mit komplexem Profil hingegen passen zu Postern meist gar nicht.

***Rechts:** Dieser moderne Siebdruck wurde mit einem schlichten Wechselrahmen eingefaßt. Die Aluminiumleiste ist mit drei Zentimetern relativ breit. Eine schmalere Leiste wäre für den großen Rahmen zu instabil.*

Links und andere Seite ganz rechts oben: Diese beiden Collagen stammen unverkennbar vom selben Künstler und erhielten identische Rahmen mit unterschiedlichen Finishs. Der linke Rahmen mit dem fleckigen Finish wirkt aufgrund seiner Farbgebung, die auf die Rot- und Sandtöne des Bildes abgestimmt ist, wärmer als der rechte.

COLLAGEN UND MISCHTECHNIKEN

Zahlreiche Künstlerinnen und Künstler verbinden heute unterschiedliche Gestaltungsmittel in einem Werk. Sie kombinieren z.B. Aquarell-, Gouache- und Acrylfarben mit Zeichenkohle und/oder Pastellkreiden, fertigen Collagen oder Assemblagen an. Manches der so entstandenen Werke sprengt im wahrsten Sinne des Wortes den Rahmen, so daß man bei der Rahmung häufig unkonventionelle Wege gehen muß.

Ausschlaggebend für die Rahmung sollte immer der Gesamteindruck des Werks sein, nicht etwa ein herausragendes technisches Merkmal. Eine Arbeit auf Aquarellbasis, die mit Ölfarbe und Ölpastell ergänzt wurde, kann optisch durchaus »stark« genug sein für eine kompakte Rahmung, wie sie nor-

Rechts: So fest umrissen die Formen und so rein die Farben dieses Bildes, so klar konturiert auch die Einfassung: Ein flacher schwarzer Lackrahmen umgibt einen Innenrahmen in lebhaftem Rot sowie ein Doppelpassepartout in Rot und Weiß.

malerweise nur für ein Ölgemälde auf Papier in Frage käme. Andererseits läßt sich etwa ein Ölgemälde mit lediglich lasierend aufgetragenen Farben und Spuren einer Bleistift- und/oder Kohlezeichnung wie eine Zeichnung behandeln und in einem zierlichen Rahmen mit Passepartout optimal zur Geltung bringen.

Collagen und Assemblagen erfordern meist einen Kastenrahmen oder müssen mit Doppel- oder Dreifachpassepartouts versehen werden, damit die sich von der Bildoberfläche abhebenden Teile nicht mit dem Rahmenglas in Berührung kommen. Um solche Werke vor Umwelteinflüssen und sonstigen Schäden zu schützen, ist eine Verglasung unverzichtbar, denn die Konservierung und Restaurierung von Collagen und Arbeiten in Mischtechnik stellt Restauratoren häufig vor große Probleme.

Oben: Für die Ton-in-Ton-Collage aus spanischen Etiketten kommt nur ein zartgetönter Rahmen wie dieser grün-blaue in Frage. Das Passepartout wurde mit ockerfarbener Wasserfarbe leicht abgetönt.

Oben rechts: Diese Collage unterscheidet sich farblich deutlich von ihrem Pendant auf der anderen Seite. Rahmen und Passepartout greifen verhalten die im Bild dominierenden Farben Anilingelb und -grün auf.

ASIATISCHE WERKE

Dieser Sammelbegriff umfaßt ein enormes Spektrum an Gemälden und Drucken in den unterschiedlichsten Techniken und Stilrichtungen. Entsprechend vielfältig sind auch die in Frage kommenden Rahmenvarianten. Bei der Rahmenwahl kann man sich jedoch im Grunde von den gleichen Kriterien leiten lassen, die auch für den Umgang mit westlichen Kunstwerken gelten.

Wir kennen fast alle den zarten, leicht verblichenen Japandruck im schäbigen schmalen schwarzen Rahmen. Möchte man einen Druck jedoch wirklich gut zur Geltung bringen und überdies auch vor Umweltschäden schützen, empfiehlt sich die Wahl eines Passepartoutrahmens. In der Regel sticht ein einfaches cremefarbenes oder gebrochen weißes Passepartout nicht allzusehr vom Bild ab. Interessant wirkt auch ein mit Seide oder Japanpapier bezogenes Passepartout. Sowohl Seide als auch Papier werden mit Naturfarben eingefärbt und harmonieren daher farblich besser mit den Drucken als im Westen produzierte Passepartoutkartons. Für die Rahmen selbst bieten sich dunkle Töne an: schlichtes Schwarz, poliertes Kirschholz oder ein Lackfinish in Dunkelrot, Dunkelgrün oder Dunkelblau.

Nicht ganz unproblematisch ist die Rahmung von Bilderrollen. Man kann sie natürlich lose an die Wand hängen, doch bei der heutigen Luftverschmutzung ist das sicher nicht die ideale Lösung. Bei weniger wertvollen Rollen werden die Stäbe entfernt und die Arbeiten auf herkömmliche Art unter Glas gerahmt. Ansonsten bietet sich für Bilderrollen ein Schaukasten an.

Auch Gemälde auf Reispapier, die seit Ende des 19. Jahrhunderts in China hergestellt werden, stellen in puncto Rahmung eine Herausforderung dar. Sie zeigen Vögel, Fische und sonstige Tiere, aber auch Boote und Genreszenen. In der Regel orientieren sich die Darstellungen am westlichen Geschmack. Die Bildträger sind besonders zart, sollten also entsprechend vorsichtig behandelt werden. In Rahmen mit gerundeten Ecken wirken Reispapierbilder sowie chinesische und japanische Arbeiten oder buddhistische Tankas sehr ansprechend. In Japan werden solche Rahmen schon seit alters hergestellt. Wer sich hierzulande einen solchen Rahmen anfertigen lassen möchte, sollte sich nach einem Hersteller umsehen, der auch Ovalrahmen produziert. Er verfügt höchstwahrscheinlich sowohl über die technische Ausstattung als auch über das Know-how, um dieser Aufgabe gewachsen zu sein.

Oben: Die leuchtendrote bzw. -blaue Umrandung dieser Bilder rückt das Bildgeschehen in den Mittelpunkt. Passepartout und Rahmen hingegen sind in ausgleichenden neutralen Tönen gehalten.

Oben: In der indischen Malerei trifft man häufig auf sehr interessante Farbkombinationen. Bei der Rahmengestaltung ist daher v.a. auf Farbnuancen zu achten. Hier wurden Einlage und Rückkarton farblich exakt auf das Zaumzeug abgestimmt.

Rechts: Diese drei japanischen Drucke aus dem frühen 19. Jahrhundert sollten optisch zusammengefaßt werden. Dafür boten sich ein seidenbespanntes cremefarbenes Passepartout mit drei Fenstern und ein breiter dunkelblauer Lackrahmen mit Goldsprenkeln an.

Links: Zwei sehr unterschiedlich gerahmte Gemälde aus China: Für das Landschaftsbild ein zinnoberroter Lackrahmen mit Marketeriedetails, für das Aquarell auf Reispapier ein traditioneller schwarzer Lackrahmen, dem Goldverzierungen und ein gelbes Passepartout eine gewisse Leichtigkeit verleihen.

Rechts: Diese kleinen Gemälde mit Vogelmotiven sind regelrechte kleine Schmuckstücke. Sie erhielten einen polierten bzw. schwarz gebeizten Holzrahmen mit Verglasung.

Unten: Dieser winzige Schwarzweißdruck wird durch einen überproportional großen Wechselrahmen zum Blickfang.

KLEINE GEMÄLDE UND MINIATUREN

Für das Rahmen kleinformatiger Gemälde gelten eigene Gesetze. Obwohl eine Faustregel besagt: je größer das Bild, desto größer der Rahmen, trifft für sehr kleine Arbeiten oftmals genau das Gegenteil zu. Denn erst mit einem großen Rahmen lenkt man die Aufmerksamkeit auf das Bild und macht es so zum Blickfang. Besonders Werke mit detailliert ausgeführten Motiven und intensiver Farbgebung (oder einem von beiden) kämen in einem schmalen Rahmen nicht zur Geltung.

Man braucht keine Angst zu haben, kunstvoll gestaltete, komplexe Rahmen würden ein sehr kleines Bild erschlagen, im Gegenteil: Ausdrucksstarke Werke können von komplexen Rahmen nur profitieren. Als Alternative ist auch eine steil nach innen abfallende Einlage denkbar, die entweder eine passende Farbe hat oder aus Stoff (etwa Seide oder Samt) besteht und von einem schmalen Rahmen mit Gold- oder Silberfinish oder einem Rahmen aus poliertem dunklem Holz eingefaßt wird.

Generell sollte man kleine Gemälde unter Glas rahmen. In der Regel werden Ölgemälde nicht verglast, da der Firnis als Schutzschicht ausreicht; außerdem kann vom Glas reflek-

Oben: Um diese bezaubernde Miniatur, die eine Dame in orientalischem Gewand zeigt, optimal zur Geltung zu bringen, wurde der flache rechtwinklige Rahmen mit Gesso behandelt und elfenbeinweiß gestrichen. Das Bild ist unter Glas gerahmt.

Links: Der sehr breite Rahmen mit aufgemaltem Wellenmuster lenkt den Blick auf das kleine Knabenporträt.

Rechts: An dieser Miniatur aus dem 17. Jahrhundert läßt sich nachvollziehen, daß dunkle Rahmen dunkle Gemälde lebendiger machen. Das Blattgold auf der Schrägkante wirft Licht auf das Bild.

Unten: Da Dauerlicht diesen Gemälden schadet, erhielten sie einen Flügelrahmen. So können sie bei Bedarf aufgestellt und danach wieder verstaut werden.

tiertes Licht bei der Betrachtung störend wirken. Sehr kleine Ölbilder lassen sich allerdings durchaus so aufhängen, daß Reflexionen vermieden werden und das Glas die Wirkung des Gemäldes noch intensiviert, insbesondere wenn eine breite Einlage mit einem schmalen Außenrahmen kombiniert wird.

Für runde oder ovale Miniaturen empfiehlt sich eine traditionelle Rahmengestaltung oder eine ihrer modernen Varianten, also: die Verwendung eines Rahmens mit einem mehr oder weniger flachen Außenprofil und einem Innenprofil mit leichter Kehlung oder Verzierung. Auch der Küvetterahmen, dessen Außenkante sich allmählich zur Bildfläche hin rundet, eignet sich für die Einfassung von Miniaturen. Solche Rahmen wurden früher schwarz gebeizt (und oftmals mit eichenblattähnlichen Aufhängern versehen) oder furniert; sie sind aber auch mit Goldfinish erhältlich. Moderne Kopien alter Rahmen stellen meist eine gute Alternative zu den serienmäßig hergestellten Oval- oder Rundrahmen dar. Wer sich auf die Suche nach echten alten Miniaturrahmen begeben möchte, sollte bei Stilrahmen- und Antiquitätenhändlern stöbern.

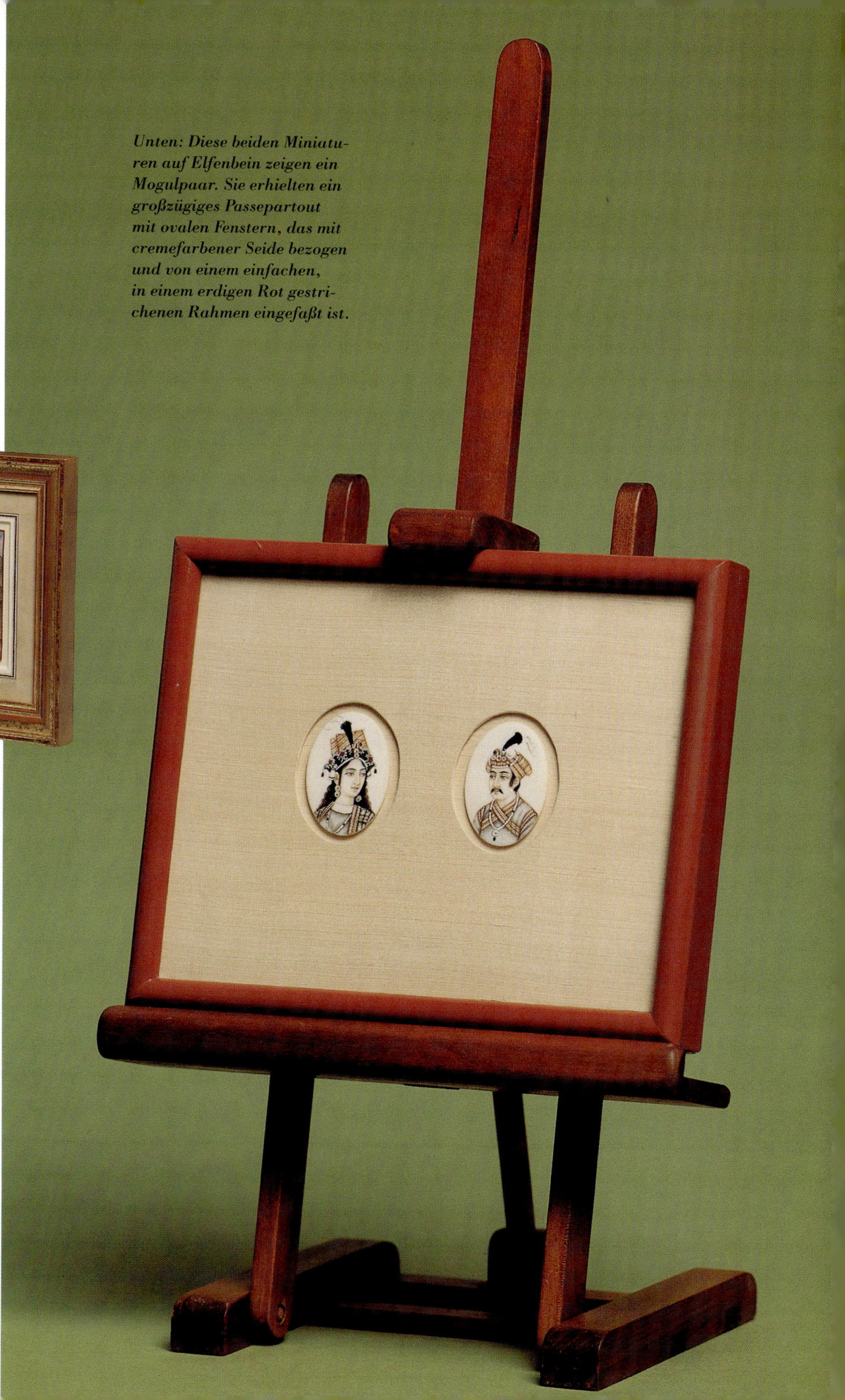

Unten: Diese beiden Miniaturen auf Elfenbein zeigen ein Mogulpaar. Sie erhielten ein großzügiges Passepartout mit ovalen Fenstern, das mit cremefarbener Seide bezogen und von einem einfachen, in einem erdigen Rot gestrichenen Rahmen eingefaßt ist.

Rechts: Alte Familienfotos sind es wert, in Originalrahmen gefaßt zu werden. In der Frühzeit der Fotografie wurden gern verzierte Rahmen wie dieser mit ovaler Spandrille (19. Jahrhundert) gewählt, um die neue Kunstgattung aufzuwerten.

Ganz rechts: Die Eckbeschläge und die Messingverzierung an diesem rustikalen Rahmen verweisen, wie das Bild selbst, sowohl auf seine Herkunft (Indien) als auch auf die Entstehungszeit (Anfang des 20. Jahrhunderts).

FOTOGRAFIEN

Als die Kunst der Fotografie noch in den Kinderschuhen steckte, faßte man v.a. Porträtaufnahmen in kunstvolle Rahmen ein. Zuweilen findet man noch vereinzelt verzierte und vergoldete Stuckrahmen mit dunklen samtbezogenen Einlagen oder filigrane, wie Spitze wirkende Rahmen mit einem Überzug aus glänzendem Blattgold. Ziel solch kostbarer Rahmungen war es zum einen, die Fotografie als ernstzunehmende Alternative zur Malerei zu etablieren, und zum anderen, die porträtierte Person zu würdigen. Für Landschaften, Stadtansichten und Genrebilder wurden neben Rahmen aus vergoldeten auch solche aus polierten dunklen Hölzern, z.B. Eiche und Mahagoni, verwendet. Um sie in altem Glanz wiedererstrahlen zu lassen, genügen oft eine Reinigung und eine Bienenwachspolitur. Dunkle Eichenholzrahmen sprechen besonders gut auf eine solche Behandlung an und sind noch immer ideal für die Einfassung sepiafarbener Fotografien.

Als Alternative zu alten Originalrahmen bieten sich moderne Äquivalente aus dunklem Holz an. Moderne Goldrahmen drängen mit ihrer Leuchtkraft die verblichenen alten Sepiadrucke allzusehr in den Hintergrund. Das gleiche

Rechts: Für Gruppenporträts eignen sich polierte dunkle Furnierrahmen am besten. Die Sepiatöne dieser bezaubernden Fotografie korrespondieren mit dem sand- und sepiafarbenen Doppelpassepartout.

Oben: Ovalrahmen eignen sich gut für Büstenporträts. Das antike Goldfinish des Rahmens betont den Goldschmuck der Dame. Die Fotografie ist handkoloriert.

Rechts: Statt sie einzeln zu rahmen, sollte man eine Reihe von alten Familienschnappschüssen lieber in einem großen modernen Passepartout mit entsprechend vielen Fenstern zusammenfassen. Die Fotos lassen sich so sehr eindrucksvoll präsentieren.

Rechts: Für die Rahmung moderner Schwarzweißfotografien ist die einfachste oft die beste Lösung: ein großzügiges, je nach Farbton des Fotopapiers weißes oder gebrochen weißes Passepartout und ein schlichter schwarzer oder dunkelgrauer Rahmen.

gilt für moderne Reproduktionen von Fotografien aus dem 19. Jahrhundert. Für das Passepartout empfehlen sich in jedem Fall fahle Farben wie dunkles Creme, Sand oder Beige. Verwendet man jedoch dunkle Farben wie Flaschengrün, dann sollte der Rahmen entsprechend schlicht und zurückhaltend ausfallen, damit das Foto nicht düster wirkt. Zurückhaltung ist auch bei Passepartoutdekors angebracht: Auf einem hellen Passepartout genügt beispielsweise oft eine einzige Linie in einer eher unauffälligen Farbe, auf einem dunklen Passepartout eine einzelne Goldlinie oder eine vergoldete Schrägschnittkante.

Um Schwarzweißfotografien des 20. Jahrhunderts optimal zu rahmen, bedarf es einigen Einfühlungsvermögens. Klassisch ist ein großzügiges weißes oder gebrochen weißes Passepartout in einem einfachen schwarzen Rahmen. Generell ist darauf zu achten, daß das Passepartout nicht heller ist als das Fotopapier, da die Fotografie sonst schmutzig wirkt. Hat sich das Fotopapier verfärbt oder ist verblaßt, kann man sich mit einem hell-, mittel- oder dunkelgrauen Passepartout behelfen; gelegentlich mag auch ein schwarzes angebracht sein.

Als Einfassungen für moderne Schwarzweißfotografien haben sich Aluminiumrahmen in Silber, Grau oder Schwarz

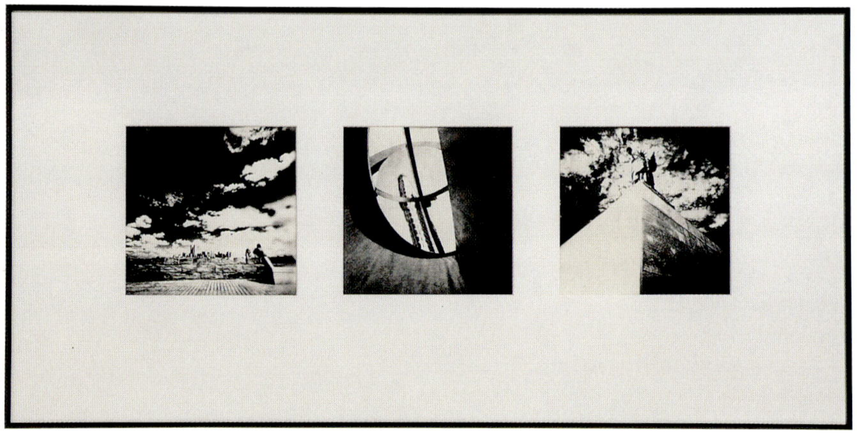

Oben: Zusammengehörige Fotografien lassen sich gut in einem Rahmen vereinen. Dazu ein reinweißes Passepartout und ein sehr schmaler Aluminiumrahmen.

Links: Rustikale Holzleisten harmonieren hervorragend mit dieser ungewöhnlichen Fotografie. Das weiße Passepartout ist auch in diesem Fall wichtiges Gestaltungselement.

bewährt. Wird eine minimalistische Wirkung angestrebt, ist ein Metallrahmen fast immer ideal. Insbesondere Aluminium mit Silberfinish harmoniert ausgezeichnet mit rein weißen oder schwarzen Passepartouts. Erscheint ein weicherer Silberton passender, empfehlen sich Holzrahmen mit Silber- oder sogar Blattsilberfinish.

Sollte keine dieser Rahmenvarianten sich eignen, kann man auf das altbewährte polierte Holz zurückgreifen. Rahmen aus Mahagoni, Rosenholz oder anderen dunklen Holzarten sowie Einfassungen mit lebhaft gemustertem Walnuß- oder Pappelfurnier wirken oft überraschend gut – vorausgesetzt, man kombiniert sie mit weißen, grauen oder schwarzen Passepartouts. Farbfotografien hingegen lassen für die Rahmung mehr Spielraum. Oft bringen bunte Passepartouts sie ausgezeichnet zur Geltung. Als Einfassungen eignen sich vergoldete, aber auch farbige, v.a. lackierte Rahmen. Man sollte jedoch bedenken, daß ein Hochglanzrahmen nicht zu einer matten Fotografie paßt, da er sie stumpf aussehen läßt.

Für die Rahmung kleinformatiger Fotografien gelten etwas andere Regeln. Schnappschüsse zu einem bestimmten Thema können in einem Rahmen zusammengefaßt werden, indem man sie auf einem farblich passenden Karton anordnet. Im Idealfall liegen die Fotos so dicht beieinander, daß sie den Karton vollständig verdecken. Eine andere Möglichkeit ist die Gruppierung zweier oder mehrerer Fotos in einem Rahmen, wobei jedes Bild ein separates Passepartoutfenster erhält. Alte Familienfotos lassen sich so sehr schön arrangieren. Dabei sollte man allerdings eine gewisse Symmetrie anstreben und daher nur Fotos ähnlicher Größe zusammenfassen.

Für Porträtfotografien eignen sich u.a. auch Standrahmen. Klassische Standrahmen sind mit Leder bezogen oder versilbert und in Standardgrößen erhältlich. Man kann sich jedoch auch einen Standrahmen aus gewöhnlichen Rahmenleisten anfertigen lassen. Besonders attraktiv wirken polierte Rahmen mit Furnier oder Marketerie. Ein reizvoller Effekt läßt sich mit einfachen Holzrahmen (vorzugsweise mit flachem Profil) erzielen, die man jeweils mit einem Stoff eigener Wahl beziehen läßt, etwa mit Samt oder kleingemusterten Stoffen.

Links: Plattenrahmen aus polierten Hölzern wie z.B. Eiche, Mahagoni oder Walnuß (wie hier) passen gut zu modernen, v.a. sepiagetönten Fotografien. Hingegen sollte man auf Golddetails im Rahmen tunlichst verzichten.

Rechts: Bei der Rahmung von Farbfotografien kann mit Passepartouts in kräftigen Farben experimentiert werden. Das Farbenspiel der Rose legt ein rotes Passepartout nahe; ein helles Innenpassepartout dient der optischen Abgrenzung.

OBJEKTE UND ALLTÄGLICHE GEGENSTÄNDE

Viele Dinge, nicht nur Kunstwerke im konventionellen Sinn (Gemälde, Collagen, Drucke usw.), lassen sich durch eine Rahmung optisch aufwerten. Stickarbeiten z.B. wurden früher an die Wand gehängt. In den letzten Jahren hat sich der Trend, auch ausgefallene Objekte zu rahmen, verstärkt. Alltagsgegenstände wie z.B. ein Satz Teelöffel oder eine alte Pfeife werden durch eine kreative Rahmung zum Blickpunkt.

Textilien wie Wandteppiche, Stickereien und Handarbeiten, aber auch viele Stoffe kann man in entsprechenden Rahmen zu regelrechten kleinen Kunstwerken stilisieren. Aus Resten von Vorhängen und Stuhlbezügen oder speziell bedruckten Stoffen mit Bildmustern wie Toile de Jouy lassen sich wunderschöne Bilder anfertigen, die einer Rahmung durchaus wert sind. Mustersätze können einzeln oder en bloc aufgehängt werden. Möchte man verschiedene Bereiche eines Stücks Stoff hervorheben, legt man es unter ein Passepartout, in das an den entsprechenden Stellen Fenster geschnitten wurden.

Kleine Stücke orientalischer Webteppiche, die bereits zu fadenscheinig sind, um sie als Bodenbelag zu benutzen, eignen sich ebenfalls als Wanddekoration. Man kann sie beispielsweise zwischen zwei Glasscheiben (ohne den üblichen Rückseitenkarton) legen, so daß ein Glasrand um das Gewebe frei bleibt. Die Rolle des Passepartouts übernimmt dann die Wand, an der das Werk hängt; es ist also wichtig, daß das Teppichstück zum Raumdekor paßt. Das Glas muß fest im Rahmen sitzen, es bedarf somit einer Rahmenleiste mit genügend großem Falz, damit von vorn weder die Befestigung noch das Abdichtband zu sehen sind.

Auch komplette Kleidungsstücke können, phantasievoll gerahmt, in eindrucksvolle Kunstobjekte verwandelt werden – chinesische Gewänder in satten Rot- und tiefen Blautönen, bestickte Westen und Jacken, Trachten, aber auch Designerkleidung des 20. Jahrhunderts. Ein Schaukasten aus Plexiglas eignet sich dafür hervorragend; das Kleidungsstück wird an dessen Rückwand befestigt oder an einem Stab aufgehängt. Gut plaziert, wirkt ein solches Arrangement äußerst eindrucksvoll.

Auch Sammelobjekte sind häufig »rahmentauglich«. Jeder sammelt irgendwann in seinem Leben irgendwelche Gegenstände oder erbt vielleicht eine Briefmarken- oder Münzsammlung. Auch Zigarettenbilder, Streichholzschachteln, Medaillen, Fliesen, Siegel, Schmetterlinge usw. lassen sich gut rahmen und können eine Bilderwand auflockern.

Viele der hier genannten Objekte fordern ungewöhnliche Rahmungen geradezu heraus und können somit ein Interieur optisch enorm bereichern. Sie werden alle Blicke auf sich ziehen. Fächer z.B. präsentierte man traditionell in Fächerkästen – Kastenrahmen, die in Fächerform gestaltet und meist mit jeweils farblich auf den Fächer abgestimmter Seide ausgeschlagen waren. Siegel wirken in einem Rund- oder Ovalrahmen gut.

Zum Schluß noch ein praktischer Hinweis: Ein Rahmen dient in erster Linie dem Schutz des Kunstwerks. Gerade für Stoffe und (Sammel-)Objekte ist dieser konservatorische Aspekt von besonderer Bedeutung, denn gerade sie nehmen Schaden, wenn sie wahllos in Schubladen oder Schachteln gesteckt und ungeschützt darin aufbewahrt werden. Eine sorgfältige und mit Fingerspitzengefühl gewählte Rahmung ist nicht nur ein optischer Gewinn, sondern sorgt auch für die Werterhaltung der Dinge.

Diese kostbare türkische Weste mit Gürtel aus seidengefüttertem Filz mit feiner Goldfadenstickerei hat ihr Dasein jahrelang in Seidenpapier verpackt gefristet. In dem eleganten, mit rötlicher Seide ausgeschlagenen Kastenrahmen entfaltet sie nun ihre ganze Pracht.

Links: Bei der Rahmung von Textilien sollten auch die Passepartouts mit passend gemustertem Stoff bezogen werden. Der tiefblaue Hintergrund bringt diesen filigranen Spitzenkragen voll zur Geltung. Sehr hübsch wirkt dazu das Passepartout mit einem Bezug aus hellblau gestreiftem Drillich, der im schmalgestreiften Rahmendrillich seine optische Fortsetzung findet.

Unten: Dieses handgearbeitete Quilt-Muster aus Amerika erhielt ein kontrastierendes leuchtendweißes Passepartout. Die Rahmenverzierung und die quadratischen Muschel-Eckaufsätze greifen dezent Züge des Stoffmusters auf.

STOFFE

Das Aufziehen und Rahmen von Stoffen ist eine lohnende Aufgabe, die sorgfältig geplant werden sollte und einen gewissen Einfallsreichtum voraussetzt. Rahmen und Stoff müssen zusammenpassen, damit sie zum optischen Glanzpunkt werden. Am häufigsten werden Rahmenhersteller mit Handarbeiten konfrontiert, die ihr Kunde geschenkt bekommen oder selbst angefertigt hat. Oft sind die Stücke im »Urzustand« so formlos, daß sie zunächst auf einen Karton aufgespannt werden müssen, um überhaupt gerahmt werden zu können. Eine feine Häkel- oder Klöppelarbeit wird am besten mit Stecknadeln auf einem Karton fixiert oder aufgenäht, robustere Handarbeiten klebt man auf der Rückseite an einigen Punkten (z.B. den Ecken) fest. Traditionell wurden solche Werke ohne Passepartout in gebeizten Eichenrahmen oder Einfassungen mit Ahorn- oder Rosenholzfurnier präsentiert. Heute gibt es solche Rahmen in zahlreichen Ausführungen, so daß einer traditionellen Rahmung nichts im Wege steht. Selbstverständlich kann man statt dessen auch auf Rahmen mit Farbfinish oder Gold- bzw. Silberfinish zurückgreifen.

Häufig läßt sich die optische Wirkung eines Stoffs, z.B. eines exotischen Stücks, durch ein Passepartout mit passendem Stoffbezug steigern. Bei Kleidungsstücken kommt ein dreidimensionaler Aspekt ins Spiel, der eine Art Kastenrahmen erforderlich macht. Verwendet man einen konventionellen Rahmen, genügt meist eine tief abgeschrägte stoffbezogene Einlage oder eine Zwischenleiste als »Abstandhalter« zwischen Glas und Kleidungsstück. Von großer Wichtigkeit ist es, für den Rückkarton und gegebenenfalls die Einlage einen passenden Stoff auszuwählen. Da Rahmenhersteller kein breites Stoffsortiment führen, ist es meist am einfachsten, ihn sich selbst zu besorgen.

Bei dieser Rahmung sollte eine harmonische Gesamtwirkung erzielt werden. Das Werk selbst steht hier nicht so sehr im Vordergrund wie bei dem Pendant auf der gegenüberliegenden Seite. Vielmehr sind hier Stickerei, Passepartout und Rahmen zu einem Gesamtkunstwerk vereint.

Ein Modellschiff in einem Kastenrahmen, der farblich dem Inneren eines alten Holzschiffs nachempfunden ist. Als Abschluß dient ein Rahmen aus flexibler Bleieinfassung, deren matter Metallton dem Silberton des Modellschiffs ähnelt.

DREI-DIMENSIONALE OBJEKTE

Bei der Rahmung dreidimensionaler Objekte sind Phantasie und Mut zu innovativen Lösungen gefragt. Rahmenhersteller können hier oft nicht mehr weiterhelfen. Statt ihrer werden sich Kunsttischler oder Modellbauer über Konstruktion und Gestaltung des Rahmens Gedanken machen müssen, da dreidimensionale Objekte in der Regel Schaukästen benötigen. Die Herausforderung besteht darin, einen funktionalen Gegenstand zugleich als dekoratives Werkstück zu gestalten. Man hat dabei die Wahl, entweder den funktionalen oder den dekorativen Aspekt zu betonen. Wer die Meinung vertritt, daß ein Schaukasten einfach nur ein Kasten ist und dem auszustellenden Gegenstand optisch zu entsprechen hat, wird zur eher funktionalen Variante tendieren. Münzen beispielsweise werden meist in einfachen Holzkästen präsentiert, die in ihrer schlichten Würde an die Vitrinen in altmodischen Museen erinnern. Solche Vitrinen werden auch »Schattenkästen« genannt, da der Schattenwurf der Objekte ihre Dreidimensionalität zusätzlich betont.

Die moderne Variante solcher Vitrinen sind Schaukästen aus Plexiglas. Eine fünfseitige Plexiglasabdeckung wird aus entsprechend zurechtgebogenen bzw. -geschnittenen Plexiglasteilen hergestellt und an einer Rückwand befestigt, die ihrerseits ebenfalls aus klarem Plexiglas oder – falls man keine völlig transparente Box wünscht – aus starkem Karton besteht. Das Objekt wird an der Rückwand befestigt, an eine dort angebrachte Stütze aus Plexiglas angelehnt oder an der Abdeckung der Box fixiert. Solche Schaukästen eignen sich übrigens hervorragend für die Präsentation von Marionetten. Um sie aufzuhängen, bohrt man kleine Löcher in die Abdeckung.

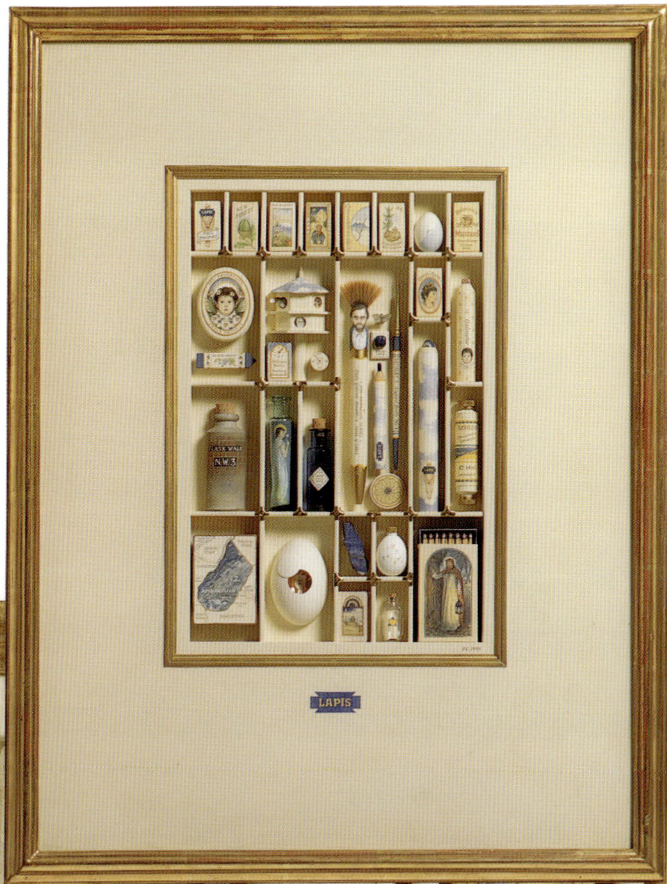

Rechts: Verschieden große Objekte in einem Rahmen zusammenzufassen und dabei sowohl die Gesamtwirkung zu berücksichtigen als auch die Eigenständigkeit jedes einzelnen Gegenstandes zu wahren stellt eine besondere Herausforderung dar.

Unten: Ein Innenrahmen faßt die hübschen, mit Messingtrennstücken versehenen Fächer ein, die aufgrund ihrer asymmetrischen Anordnung den Blick auf sich ziehen.

Oben: Originelles Arrangement bemalter Holzeier auf Kunstfell. Der sachliche Rahmen mit weißem Passepartout lenkt den Blick auf die Komposition.

Dekorativer als einfache Schaukästen sind Boxen, die extratiefen Rahmen gleichen. Dies erlaubt die Applikation aller möglichen Verzierungen auf die Rahmenleisten. Ein Modellschiff z.B. kann in einem Kasten mit aufgesetztem schlichtem Rahmen, der z.B. mit einem Krakelee- oder einem Finish aus Reißlack auf alt getrimmt wurde, attraktiv präsentiert werden. Es ist empfehlenswert, die Gestaltung der Rahmenleisten auf das zu rahmende Objekt abzustimmen oder für die Verzierungen »passende« Materialien zu verwenden. Zur Präsentation von Muschelschalen eignet sich z.B. ein Holzrahmen im »Treibholzlook« ausgezeichnet. Häufig ist es auch einen Versuch wert, mit ausgefallenen Materialien, z.B. Aluminiumverschalungen, Bleieinfassungen oder Pelzimitationen, zu experimentieren. Letzteres wirkt vielleicht etwas kitschig, aber andererseits auch extravagant.

Oben rechts: Der Metallkastenrahmen aus gebürstetem Aluminium paßt optimal zum Roboteruhrwerk aus den 1950er Jahren.

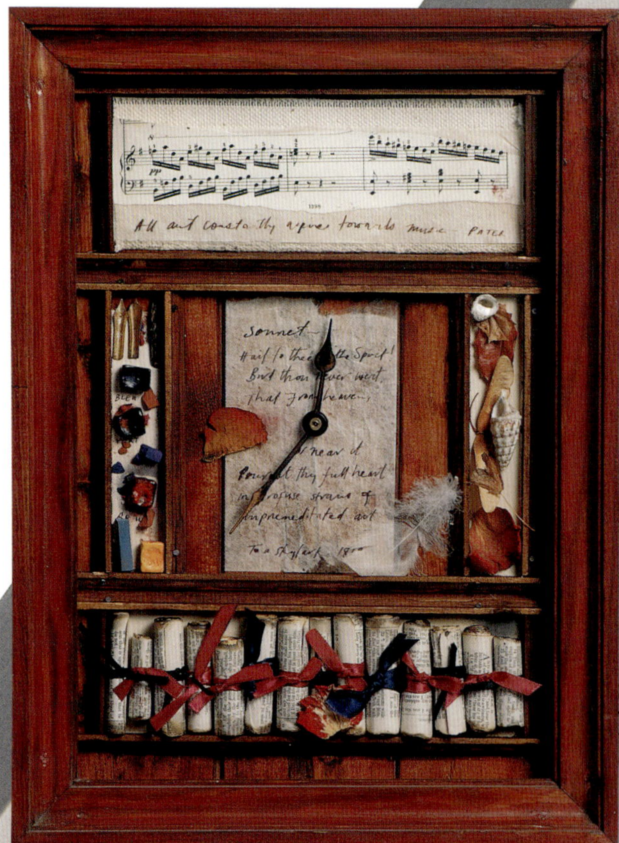

Rechts: Rahmen und Arrangement dieser Assemblage, The Art Clock, *wurden vom Künstler als Gesamtkunstwerk konzipiert. Dank der Fächer für je mehrere Objekte herrscht trotz der Vielfalt eine gewisse Ordnung.*

Großes Bild rechts und andere Seite ganz rechts: Zwei flache Kastenrahmen mit Keramikarbeiten. Beim großen Bild wurden die blassen Grautöne der Blume im Rahmenfinish wiederaufgegriffen.

Rechts: Das lineare Element dieser zarten Zeichnung auf ungebranntem Ton wird durch den rauchgrau gebeizten Rahmen betont.

Rechts und unten rechts: Farblich sind Rahmen und Inhalt dieser Muschelkästen optimal aufeinander abgestimmt. Die Rahmen bestehen aus ausgebleichtem Kiefernholz. Das Glas ist nicht in die Aussparung eingelassen, sondern liegt einfach oben auf und wird mit Messingklammern gehalten.

Es gibt unendlich viele Gegenstände, deren Rahmung lohnt. Der Phantasie sind dabei keine Grenzen gesetzt, und es kommt ganz auf individuelle Vorlieben an. Beliebte Dekorationsobjekte für Badezimmer und Küche sind Muscheln bzw. Trockenblumen oder Nahrungsmittel (etwa getrocknete Hülsenfrüchte oder Nüsse). Oft werden auch Andenken (z.B. an Hochzeiten, Geburtstage oder Schulabschlüsse) dekorativ arrangiert und dann gerahmt. Rahmenhersteller stehen in solchen Fällen vor der Aufgabe, ganz verschiedene Dinge wie Familienfotos, alte Konzertprogramme und sogar Babyschühchen gefällig anzuordnen und so in der Rahmenbox anzubringen, daß die Befestigungen nicht zu sehen sind und die Gegenstände nicht beschädigt werden. Bei Materialien wie Papier, Stoff, Holz oder Plastik ist letzteres allerdings schwierig. Die meisten Rahmenhersteller werden daher die jeweiligen Objekte auf unterschiedliche Weise fixieren, z.B. mit Hilfe von wasserlöslichem Klebstoff, Fotoecken oder Klammern. Manches wird auch aufgenäht. Oberstes Ziel ist eine attraktive Gesamtkomposition.

Ein aufklappbarer Rahmen ermöglicht den leichten und schnellen Zugriff auf die Dinge. Dazu muß die äußere Rahmenleiste separat verglast werden; dünne, an der Unterseite des Glases mit Glaserstiften befestigte Holzleisten sichern die Scheibe. Im Kasteninneren können – wie beim Setzkasten – mit Hilfe von Trennelementen kleine Fächer geschaffen werden, wodurch sich die Befestigung der darin aufbewahrten Gegenstände erübrigt. Die Anordnung der Objekte läßt sich ständig verändern. Meist handelt es sich dabei um leicht Vergängliches, z.B. verblichene Trockenblumen oder Urlaubssouvenirs. Wer einen solchen Schaukasten nicht an der Wand aufhängen möchte, kann ihn auch auf einem Beistelltisch präsentieren oder im Schrank verwahren und nur bei Bedarf hervorholen.

Unten: Schlicht und rustikal wie die Objekte – bemalte Birnen und Äpfel aus Holz – sind auch die beiden naturbelassenen Holzkästen, in denen sie präsentiert werden. Der einfache grüne Rahmen ergänzt das Arrangement.

Oben: Wer seine Pfeife liebt, der behandelt sie wie ein Museumsstück. Das Innere dieses Rahmens ist komplett mit Boi (ein Wollstoff) ausgekleidet, der Außenrahmen mit poliertem Walnußfurnier versehen.

Links: In quadratische Fächer sortiert, wirken die Nüsse, Eicheln, Kerne, getrockneten Blüten und Blätter auf ansprechende Weise geordnet. Der einfache Rahmen besteht aus hell gebeizter Kiefer.

SAMMLUNGEN KURZLEBIGER GEGENSTÄNDE

Unter kurzlebigen Objekten versteht man Gegenstände, die für den kurzzeitigen Gebrauch gedacht sind, ihren Zweck längst erfüllt haben und daher eigentlich ausrangiert werden müßten: z.B. Briefmarken, Etiketten, altmodische Nahrungsmittelverpackungen, Grußkarten u.a. In der Regel variieren die Einzelobjekte ein bestimmtes optisches Grundmuster. Da der Zweck dieser Objekte darin besteht aufzufallen, sind sie von vornherein so konzipiert, daß sie den Blick auf sich ziehen. Ihr Dekorationswert macht sie zu begehrten Sammelobjekten, die sich, in Rahmen eingefaßt, optimal präsentieren lassen.

Einzelstücke, z.B. Grußkarten, können wie kleine Aquarelle oder Drucke gerahmt werden. Sammlungen einzufassen ist schon schwieriger, es sei denn, alle Gegenstände sind gleich groß wie beispielsweise Zigarettenbilder. In manchen Fällen ist es angebracht, die Objekte vor einem Stoffhintergrund zu arrangieren, dem ein schlichtes Passepartout vorgeblendet ist. Eine Art Setzkastenrahmen bietet wiederum die Möglichkeit, ganz unterschiedliche Objekte als einheitliches Ganzes darzubieten.

Oben: Geschmackvolle Präsentation einer Medaillensammlung: Die Einzelstücke sind in einem einfachen, mit blauem und rotem Samt ausgeschlagenen Schaukasten mit poliertem Holzrahmen symmetrisch angeordnet.

Oben rechts: Alte Gesetzestexte bilden hier den passenden (und dekorativen) Hintergrund für eine Sammlung von Wachssiegeln. Das Rot des breiten Lackrahmens ist auf die Siegelfarbe abgestimmt.

Ganz rechts: Die auf dunklem Grund angeordneten Keramikknöpfe gewinnen durch einen breiten, gerippten elfenbeinfarbenen Rahmen an Ausdruckskraft.

Rechts und unten: Zwei viktorianische Grußkarten in unterschiedlicher, jeweils sehr ansprechender Aufmachung. Jede Karte wurde auf ein passend getöntes marmoriertes Papier aufgebracht und erhielt ein mit Seide bezogenes Passepartout. Der zierliche Goldrahmen aus dem 19. Jahrhundert und der zarte Blattkupferrahmen tragen das Ihre zur dekorativen Gesamtwirkung beider Arrangements bei.

Rechts: In der Regel werden Fächer in speziellen Fächerkästen aufbewahrt. Das Bild zeigt ein Exemplar mit Blattgoldfinish. Die Stuckgipsverzierung greift die Rippung des Fächers auf.

DAS RAHMEN-HANDWERK

SUCHT MAN EIN RAHMENATELIER AUF, BETRITT MAN EINE WELT, IN DER SICH SEIT GENERATIONEN KAUM ETWAS VERÄNDERT HAT.

Die wichtigsten Rahmenhölzer sind helle Kiefer (links), helle Esche (Mitte) und Eiche (rechts). Sie werden unbehandelt, gebeizt, leicht abgetönt oder poliert verarbeitet. Das weiche, fast maserungsfreie Abachiholz (rechte Seite) wird meist als Furnierholz verwendet.

Ein guter Rahmenbauer zeichnet sich sowohl durch handwerkliches Können als auch durch künstlerisches Talent aus. Obwohl hochentwickelte Werkzeuge und Maschinen ihm heutzutage seine Tätigkeit sehr erleichtern, sind die grundlegenden Arbeiten noch dieselben wie früher. Anhand alter Stiche, auf denen die Techniken der Rahmenherstellung dargestellt sind, läßt sich das leicht nachvollziehen.

Die Materialien, die zum Bau eines Rahmens benötigt werden, wurden im Laufe der Zeit enorm verbessert. Mit Hilfe von maschinell hergestellten Passepartoutkartons und Rahmenleisten lassen sich inzwischen hervorragende Ergebnisse erzielen.

Um einen Passepartoutrahmen herzustellen, werden zunächst die Rahmenleisten auf Gehrung geschnitten und verleimt. Anschließend schneidet man Passepartoutkarton, Rahmenrückwand und Glas zu und baut diese Elemente zu einem kompletten Rahmen zusammen. Doch damit nicht genug. Erfahrene und qualifizierte Rahmenhersteller führen darüber hinaus eine Reihe von Arbeiten durch, die handwerkliche Spezialkenntnisse erfordern. Für den Bau aufwendiger Rahmen, das Restaurieren alter Rahmen und für spezielle Arbeiten wie beispielsweise Furnieren oder Schnitzen sind Erfahrungen in der Holzverarbeitung unerläßlich, denn man muß wissen, wie die einzelnen Holzsorten auf Beize, Farbtünche und Politur reagieren.

Gute Rahmenbauer beraten ihre Kundschaft bei der Wahl eines Rahmens und seiner Verzierung. Dafür ist ästhetisches Feingefühl, also ein guter Blick für Farbe, Form und Bildkomposition, eine wichtige Voraussetzung. Zudem wird kaum ein Rahmenhersteller ausschließlich auf serienmäßig produzierte Passepartoutkartons und Rahmenleisten zurückgreifen, sondern die von ihm verwendeten Materialien den Wünschen der Kundschaft entsprechend gestalten, etwa mit Passepartoutverzierungen und/oder einem mit Hand aufgebrachten Finish.

Seit man vor etwa dreihundert Jahren begann, Passepartouts mit Linierungen und Farbumrandungen zu schmücken, haben sich weder die Designs noch die Verzierungsmethoden grundlegend verändert. Und noch immer verwendet man dazu Aquarellfarbe oder farbige Tuschen.

Bei den Rahmenfinishs hingegen sind infolge der Entwicklung schnelltrocknender und haltbarer Farb- und Lackarten viele Möglichkeiten hinzugekommen. *Das* klassische Rahmenfinish ist und bleibt jedoch die Blattgoldapplikation. Die Technik der Polimentvergoldung hat sich seit ihren Ursprüngen in Ägypten praktisch kaum verändert. Sie erfordert in erster Linie Geduld und eine ruhige Hand.

PASSEPARTOUTS

Arbeiten auf Papier werden entweder so auf Karton aufgezogen, daß der unbeschnittene Rand sichtbar bleibt, oder sie erhalten ein Fensterpassepartout.

Aquarelle, Zeichnungen und andere Arbeiten auf Papier werden aus ästhetischen und konservatorischen Gründen in der Regel unter Glas gerahmt und dafür in Passepartouts eingefaßt. Diese schützen die Werke zum einen vor schädlichen Umwelteinflüssen und manueller Beschädigung und bringen sie zum anderen besser zur Geltung als ein einfacher Rahmen. Ein Passepartout besteht aus einem festen Karton, in den mit Hilfe eines speziellen Schneidegerätes ein »Fenster« mit schrägen Kanten geschnitten wird. Die Schnitte müssen absolut präzise ausgeführt sein.

Im Handel sind sowohl einfache Passepartoutkartons als auch mit farbigem Papier bezogene Kartons in vielerlei Qualität erhältlich. Rahmenhersteller werden säurefreie Kartons oder sogar Hadernkartons in Museumsqualität den billigen Ausführungen aus Holzschliff auf jeden Fall vorziehen. Auf Wunsch verzieren sie den Karton mit Farbumrandungen und/oder -linierungen oder beziehen ihn mit Stoff oder Spezialpapier, z.B. mit Ingres- bzw. Fabriano-Papier oder handgeschöpftem Japan- oder indischem Papier. Die Stoffe oder Papiere werden entweder naß (mit Leim) oder trocken (mit Haftgewebe) aufgezogen. In der Trockenpresse verbindet sich das Haftgewebe durch Druck- und Hitzeeinwirkung mit dem Karton. Wie rechts dargestellt, wird am besten zuerst das »Fenster« aus dem Karton herausgeschnitten und dieser dann mit dem Stoff oder Papier bezogen.

DAS FENSTER ZUSCHNEIDEN

Das Passepartout-Schneidegerät besteht aus einer Leitschiene mit Gleitkopf, der die Schneidklinge in einem 45°-Winkel hält. Das gewährleistet exakte Schrägschnittkanten. Justierbare Sperren sorgen dafür, daß Anfang und Ende des Schnitts millimetergenau bestimmt werden können.

DAS PASSEPARTOUT BEZIEHEN

Rotes Japanpapier und Haftgewebe werden auf Passepartoutgröße zugeschnitten. Mit einem heizbaren Glättespachtel wird das Haftgewebe auf die Vorderseite des Passepartouts aufgebracht und anschließend mit dem Dekorationspapier bezogen. Damit Passepartout und Papier nicht angesengt werden, legt man beim Andrücken ein kleines Papierstück mit beschichteter Rückseite unter den Glättespachtel. Das bezogene Passepartout kommt in die heiße Trockenpresse, wo die drei Schichten durch die Einwirkung von Druck und Hitze dauerhaft miteinander verkleben.

Sobald das Passepartout bezogen ist, wird das Papier in der Mitte bis auf einen schmalen Rand abgeschnitten. Die Innenecken werden diagonal eingeschnitten, die Ränder durch das Fenster zurückgeschlagen und mit dem heißen Glättespachtel auf der Rückseite fixiert. Danach kommt das Passepartout erneut in die Presse.

EIN DOPPEL-PASSEPARTOUT HERSTELLEN

Für die Herstellung doppelter bzw. gestufter Passepartouts eignen sich verschiedenfarbige Kartons. Auf der Rückseite des großen Fensters wird entlang den Innenkanten doppelseitiges Klebeband befestigt. Daran wird später das zweite Passepartout fixiert.

Das Außenpassepartout wird vorsichtig auf das Innenpassepartout aufgesetzt und fest angedrückt. Das Fenster des Innenpassepartouts ist etwas kleiner, so daß ein schmaler Rand sichtbar bleibt.

EIN KLAPP-PASSEPARTOUT HERSTELLEN

An der Rückseite des Passepartouts befestigt man zunächst einen Streifen starkes säurefreies Stoffklebeband und daran ein Stück Karton. Das Ergebnis ist ein sogenanntes Buch- oder Klapppassepartout. In einem solchen »Gehäuse« ist das Kunstwerk bestens geschützt.

EIN »PAPIERBILD« AUFZIEHEN

Je nach Witterung dehnt Papier sich aus oder zieht sich zusammen. Korrekt aufgezogen, wirft es auch über einen längeren Zeitraum keine Beulen. Man befestigt auf der Bildrückseite zwei kleine Streifen säurefreies Klebeband und läßt sie am oberen Bildrand leicht überstehen. Mit zwei weiteren Klebestreifen werden diese »Scharnier«bänder am Rückkarton befestigt.

Hier das Ergebnis: Ein Langschwanzpapagei (Druck) in rotem Außen- und mittelgrünem Innenpassepartout.

PASSEPARTOUT-VERZIERUNGEN

Die dekorative Verzierung eines Passepartouts ist für jeden Rahmenhersteller eine kreative Herausforderung.

Das Verzieren eines Passepartouts erfordert sowohl technisches Know-how als auch ästhetisches Urteilsvermögen. Ein Passepartout wirkt nämlich nur dann gut, wenn es mit dem Bild harmoniert und dieses zugleich voll zur Geltung bringt. Eine der einfachsten Verzierungen ist die Abtönung der Schrägschnittkanten mit Aquarellfarbe. Die Kanten können auch mit Papierstreifen beklebt werden, was besonders beim Innenkarton eines Doppelpassepartouts sehr attraktiv wirkt.

Verzierungen auf der Passepartoutoberfläche werden traditionell mit Aquarellfarbe ausgeführt. Sie bietet nicht nur die vielfältigsten Möglichkeiten, sondern zeitigt auch die besten Ergebnisse. Schmale Linien werden mit einer Reißfeder gezogen. Für breitere, satter wirkende Umrandungen trägt man die Farbe mit einem Pinsel auf. Oder man schmückt das Passepartout mit Papierstreifen, z.B. aus gummiertem Gold- oder Silberpapier oder marmoriertem Papier. Verzierungen und Gemälde sollten farblich immer so aufeinander abgestimmt sein, daß das Bild nicht von der Umrandung dominiert wird.

***Links:** Um Linien- und Streifenverzierungen aufzubringen, muß man sich keineswegs auf das Aquarellieren beschränken. Auch mit gemusterten Stoffen und dekorativem Papier lassen sich ansprechende Effekte erzielen.*

DEKORATIVE LINIERUNG

Die Ausgangs- und Endpunkte jeder Linie werden mit einem Kartographierstift markiert. Dann zieht man mit der Reißfeder (und mit Hilfe eines Metallineals und eines geeichten Kunststoffwinkels) dünne Farblinien. Die Feder läßt sich auf verschiedene Linienstärken einstellen. Man kann es bei einer oder mehreren Linien bewenden lassen oder sie mit einem Farbstreifen ergänzen.

FARBUMRANDUNGEN

Wie in alten Zeiten: ein aquarellierter zarter Farbstreifen zwischen vier Linien. Lebhafter wirkt das Passepartout, wenn man intensivere Farben wählt oder den Karton vollständig mit Aquarellfarbe oder Gouache abtönt. Dazu benötigt man einen breiten Pinsel.

EINEN STREIFEN MARMORPAPIER AUFZIEHEN

Gold-, Silber- und Marmorpapier ist in Bögen erhältlich, die auf die gewünschten Maße zugeschnitten werden müssen. Hier ist bereits eine schmale Goldpapierumrandung aufgebracht. Der etwas breitere Streifen Marmorpapier wird aufgeklebt. Die Farblinierung dient als Orientierungshilfe.

DIE SCHRÄGSCHNITTKANTE ABDECKEN

Will man bestimmte Farben des Kunstwerks wirkungsvoll betonen, empfiehlt sich eine Verzierung der Schrägschnittkante. Streifen von Goldpapier werden auf die Kante geklebt, an den Ecken diagonal eingeschnitten, umgeschlagen und auf der Rückseite des Passepartouts mit einem Polierstein fest angedrückt.

RAHMEN-HERSTELLUNG

Das Zuschneiden und Verbinden der Rahmenleisten, die Hauptaufgabe von Rahmenbauern, ist durch moderne Werkzeuge einfacher geworden.

Bilderleisten von bis zu drei Metern Länge werden dem Rahmenbauer unbehandelt oder bereits mit einem Finish versehen geliefert. Sie werden mit einem Gehrungstrimmer in den gewünschten Längen winkelgenau auf 45° zugeschnitten und danach miteinander verleimt. Handelt es sich um Bilderleisten mit Finish, ist der Rahmen damit bereits fertig und muß nur noch das gewünschte Bild eingepaßt werden.

Blanke Leisten benötigen darüber hinaus ein Finish. (Einige Möglichkeiten der Oberflächengestaltung werden auf den folgenden Seiten veranschaulicht.) Öl- oder Aquarellgemälde erhalten häufig außerdem einen Innenrahmen, eine sogenannte Einlage. Sie wird vergoldet, gestrichen oder mit Stoff (z.B. Leinen, Samt oder Seide) bezogen. Einlagen dienen als optische »Brücke« und zugleich Unterbrechung zwischen Gemälde und Rahmen und fungieren bei verglasten Rahmen darüber hinaus als »Abstandhalter« zwischen Bildoberfläche und Glas.

Nach einem ähnlichen Prinzip werden Kasten- oder Schattenrahmen für dreidimensionale Objekte hergestellt. Statt einer Einlage werden hier als »Abstandhalter« jedoch Holzstege im Rahmenfalz angebracht. Die Stege erhalten ein zu Rahmen oder Passepartout passendes Finish.

DIE LEISTEN ZUSCHNEIDEN

Eine doppelschneidige Gehrungssäge ermöglicht das winkelgenaue Zusägen der Leisten. Sie läßt sich außer auf den üblichen 45°-Winkel auch auf andere Winkelweiten einstellen (z.B. für den Bau sechseckiger Rahmen).

DIE LEISTEN ZUSAMMENFÜGEN

Heute verwenden Rahmenbauer sogenannte Spannklammern, um die Gehrung zu stabilisieren. Nach dem Verleimen werden die Rahmenleisten von den Klemmbacken der Klammer zusammengepreßt. Zur Verstärkung der »Nähte« stanzt man auf der Rückseite des Rahmens zusätzlich V-förmige Metallklammern ins Holz.

EINE EINLAGE EINFÜGEN

Zum Abbinden des Leims wird der fertige Rahmen aufgehängt. Ist der Leim ausgehärtet, kann das Bild montiert werden. Gilt es einen Druck oder ein Aquarell einzufassen, kommen noch Glas, Rückkarton und Passepartout hinzu. Dieser Rahmen ist für ein Ölgemälde vorgesehen. Daher wurde ein leinwandbezogenes Innenteil, die sogenannte Einlage, angebracht.

DAS ERGEBNIS

Die Leinwandeinlage sitzt im Falz des Außenrahmens. Sie bildet einen Übergang zwischen Bildfläche und Rahmen.

EINEN KASTENRAHMEN HERSTELLEN

Es liegt in der Natur der Sache, daß dreidimensionale Objekte einen entsprechend tiefen Rahmen benötigen. Als »Abstandhalter« zwischen Rahmenrückwand und Glasabdeckung befestigt man daher im Rahmenfalz Stege, die passend zum Finish der Rahmenleisten gebeizt, gestrichen oder, wie hier, mit Papier bezogen sein können.

MIT STOFF BESPANNEN

Besonders luxuriös wirkt ein mit Stoff ausgekleideter Kastenrahmen. Damit Kanten und Ecken nicht ausfransen und keine sichtbaren Nähte entstehen, wird jedes Rahmenteil einzeln bezogen. Erst später verleimt man die Teile miteinander. Hier werden die Leisten einer Einlage mit Samtstreifen beklebt.

DAS OBJEKT BEFESTIGEN

Die Rahmenrückwand erhält denselben Stoffbezug wie die Seitenwände. Dann wird das Kunstobjekt – in diesem Fall ein Medaillon – aufgenäht. Anschließend verbindet man Rückwand und Seitenteile und setzt die so entstandene »Samtbox« in den verglasten Außenrahmen ein.

FARBTÜNCHE

Ein lasierender Anstrich läßt die Maserung der Holzleisten durchschimmern. Manche Finishs, so z.B. Kalktünche oder Weißwachs, werden nicht weiterbehandelt, damit der Kalkeffekt bestehen bleibt. Andere erhalten zur Vertiefung der Farbe eine zusätzliche Wachspolitur oder werden mit Matt- bzw. Glanzlack versiegelt.

KALKEFFEKT MIT WACHS

Um auf Eiche oder Esche einen Kalkeffekt zu erzielen, wird Weißwachs in die Holzmaserung eingerieben. Danach reibt man die Oberfläche mit Stahlwolle ab, so daß nur in den Vertiefungen Wachs zurückbleibt. Anschließend wird der Rahmen mit einem weichen Tuch gründlich poliert.

EINFACHE RAHMENFINISHS

Nur wenige Rahmenhersteller verarbeiten ausschließlich Leisten mit »Fertig-Finishs«. Die meisten betrachten die individuelle Gestaltung unbehandelter Leisten als eine reizvolle Aufgabe.

Mit Beize, Farbtünche oder Politur (sowie verschiedenen Kombinationen dieser drei Mittel) lassen sich die natürlichen Farbtöne und Oberflächen von Hölzern vertiefen bzw. verändern. So kann man beispielsweise die Maserung von Eichenholz betonen, indem man es beizt.

Es besteht aber auch die Möglichkeit, den unbehandelten Rahmen mit einem farblich passenden Finish zu versehen. Dafür eignen sich Farbbeize, Farbtünche oder deckende Farben. Die meisten Gestaltungsmöglichkeiten bieten deckende Anstriche. Farbtünche – insbesondere in Weiß oder gebrochenem Weiß – wirkt leicht kreidig, wenn mit wasserlöslichen Farben gearbeitet wird. Sie kann jedoch auch mit Wachspolitur versiegelt werden. Mit Weißwachspolitur auf blankem Holz erzielt man eine Art Kalkeffekt.

Auch kräftige Farbanstriche können sehr ansprechend gestaltet werden. Einfarbige Finishs wirken häufig etwas langweilig; trägt man jedoch z.B. zwei kontrastierende Farben übereinander auf, entstehen durch ihr Zusammenspiel häufig bestechend schöne Effekte. So erhält man etwa mit einem zinnoberroten Grundanstrich und einem dünnen schwarzen Deckanstrich ein sattes, leuchtendes Finish, das Rosenholz nicht unähnlich ist. Eine Kombination von Ockergelb (Basis) und Schwarz (Deckanstrich) wirkt eher wie altes, dunkel gebeiztes Holz. Auch kräftiges Blau, Grün oder Pink eignet sich jeweils als Grundierung für ein sehr farbintensives Finish. Eine darüber aufgetragene Lasur in einer kontrastierenden Farbe wirkt leicht dämpfend.

BEIZE

Rahmenleisten werden vor dem Verleimen gebeizt, da an den Nähten herausquellender Leim die Holzoberfläche versiegeln und die Beize am Eindringen hindern würde.

Beize läßt die Holzfasern leicht aufquellen. Bevor man mit Bienenwachs poliert, muß man die Rahmenoberfläche mit Stahlwolle glätten.

FARBE AUF FARBE

Hier werden zwei kontrastierende Farben übereinander aufgetragen: eine rotbraune Grundierung und darüber eine dünne schwarze Deckschicht.

Die getrocknete Deckschicht wird mit Stahlwolle teilweise abgerieben, damit der rötliche Untergrund wieder zum Vorschein kommt. Eine kräftige Wachspolitur verleiht dem Finish einen warmen Schimmer.

DEKORATIVE EFFEKTE

Es gibt keinen Grund, lediglich einfache Rahmenfinishs in Erwägung zu ziehen. Ein phantasievoller Rahmenbauer mit künstlerischen Ambitionen wird Sie mit meisterlichen Kreationen überzeugen.

Neben den bisher beschriebenen einfachen Dekorationstechniken gibt es eine Reihe komplizierterer Gestaltungsmethoden. Sie kommen u.a. dann zum Zuge, wenn Rahmen auf bestimmte Interieurs abgestimmt werden sollen. Je besser sich ein Rahmenbauer in diesen Techniken auskennt und je größer sein künstlerisches Talent, desto virtuoser wird er Verzierungen gestalten können. Wir beschränken uns im folgenden auf einige Beispiele, die zu weiteren Experimenten anregen sollen.

PINSELZUGTECHNIK

Eine der einfachsten Methoden, eine helle Basisschicht unter einer dunklen Deckschicht sichtbar zu machen, ist das Abziehen mit einem Pinsel. Für den Anstrich empfehlen sich wasserlösliche Farben (auch, weil sie relativ schnell trocknen). Hier wurde auf einen hellblauen Grundanstrich zügig eine dünne Schicht Dunkelblau aufgetragen.

Solange die dunkle Farbe noch feucht ist, wird ein trockener Zackenpinsel rasch und ohne abzusetzen über die Rahmenleiste gezogen. Um ein sauberes Streifenmuster zu erzielen, braucht man eine ruhige Hand. Bevor man den Pinsel von neuem aufsetzt, wischt man ihn an einem sauberen Lappen oder einem Stück Papier ab. Die Muster variieren je nach Borstenstärke.

KAMMZUGTECHNIK

Hier wurde zunächst eine dunkle Deckschicht auf einen hellen Basisanstrich aufgetragen und anschließend mit einem Metall- bzw. Gummikamm teilweise abgezogen bzw. abgekratzt, so daß eine Art geätztes Muster entstand. Ähnliche Effekte (z.B. Kreuzschraffur und Wellenlinien) lassen sich auch mit Hilfe von selbstgefertigten »Kämmen« aus festem Karton erzielen.

SCHABLONIERTE UND HANDGEMALTE MOTIVE (LINKS)

Eine Schablone läßt sich leicht anfertigen, indem man das gewünschte Motiv oder Muster aus einem relativ festen Material wie Wachskarton oder transparenter Kunststoffolie ausschneidet. Anschließend legt man die Schablone auf den Rahmen und stupft mit einem kurzen, steifen Pinsel Farbe auf. Auch »freihändig« aufgetragene Motive sind oft attraktiv, wie dieses klassisch inspirierte Eckdetail zeigt.

ANSPRUCHSVOLLE RAHMENFINISHS

Kombiniert man einfache Dekorationstechniken, erhält man häufig exquisite Finishs.

Eine der vielseitigsten dekorativen Techniken ist das Schwammtupfen. Hierbei wird die Farbe mit verschiedenen kleinen Naturschwämmen aufgebracht. Mit Schwammtupfen allein erzielt man, je nach Schwammform und -größe, eine mehr oder weniger regelmäßige Fleckenstruktur. Kombiniert man das Schwammtupfen mit anderen Techniken, lassen sich höchst anspruchsvolle Finishs herstellen. Solche Finishs kommen v.a. dann in Frage, wenn Bilder in lockeren Gruppenarrangements präsentiert werden sollen.

Mit gemahlenem Lapislazuli läßt sich eines der prächtigsten Finishs herstellen, insbesondere wenn es zusätzlich mit Goldpulver gesprenkelt und mit einem Pinsel geädert wird, um die Struktur des tiefblauen Steins zu imitieren.

Viele Gestaltungsmöglichkeiten bietet auch das Porphyrfinish. Um eine schöne Sprenkelung zu erreichen, spritzt man mit verschiedenen Borstenpinseln winzige Farbpünktchen auf eine schwammgetupfte Grundschicht. Echter Porphyr kommt in verschiedenen Grundfarben vor – Grün, Violett, Grau und Braun, am häufigsten jedoch Kastanienbraun –, die alle mit dunkleren und helleren, ungleichmäßig verteilten Sprenkeln durchsetzt sind. Bei der Rahmengestaltung braucht man sich jedoch nicht auf Naturtöne zu beschränken. So lassen sich beispielsweise einfarbig gestrichene Rahmen mit einer bunten Sprenkelung unaufdringlich mustern (starke Marmorierung wirkt u.U. viel aufdringlicher). Rahmen mit Porphyrfinish sind vielfältig einsetzbar und werden daher von Innenarchitekten gerne empfohlen.

SCHWAMMTUPFEN

Mit dem Schwammtupf-Verfahren lassen sich ganz unterschiedliche Effekte erzielen. Zum einen hängen sie von der Größe des benutzten Schwamms ab, zum anderen von der Tupftechnik. Hier wurde mit einem kleinen, spitz zugeschnittenen Schwamm jeweils ein zartes zweifarbiges Muster auf einen beige und einen weiß grundierten Rahmen getupft. Beide Rahmen wurden abschließend lackiert.

Mit einem dickeren Schwamm lassen sich gröbere Muster gestalten. Die Kunst besteht jeweils darin, die »richtigen« Farbtöne miteinander zu kombinieren.

LAPISLAZULI

Mit gemahlenem Lapislazuli lassen sich Finishs von wundervoller Leuchtkraft und Farbtiefe herstellen. Beispielsweise kann man ein mehrschichtiges Finish aus Schwammtupfern und Pinselstrichen aufbauen und anschließend, wie hier zu sehen, Goldpulver über die lackierte, noch klebrige Rahmenoberfläche streuen. Sobald der Lack vollständig trocken ist, wird das überschüssige Pulver fortgeblasen und eine weitere Lackschicht zum Schutz des Goldstaubes aufgebracht.

Rechts: Hier einige Beispiele für Porphyrimitate, einschließlich eines edel wirkenden Rahmens mit Blattgold und leicht gesprenkelter Kehle.

Mit bestimmten Anstrichtechniken lassen sich bestimmte Gesteine imitieren. Für polierten Granit z.B. tupft man mit dem Schwamm zunächst ein wäßriges Rosabraun auf einen hellrosa Untergrund.

Mit einem alten Schablonierpinsel spritzt man anschließend die gewünschte Farbe locker und etwas ungleichmäßig auf den Rahmen. Um die Illusion von echtem Porphyr zu erzeugen, muß man den Rahmen mit verschiedenen Farben (einschließlich Weiß und Dunkelblau oder Schwarz) sprenkeln. Abschließend wird er lackiert, mit Stahlwolle sanft abgerieben und mit Bienenwachs poliert.

SCHILDPATTEFFEKT

Ein leuchtender Grundanstrich auf blankem Holz – lebhaftes Orange, Scharlachrot oder kräftiges Kadmiumgelb – wird nach dem Trocknen gründlich abgeschmirgelt. Dann betupft man die Leisten diagonal mit dunklen Schildpattmustern. Dazu gehören u.a. kleine Kaulquappenformen und längere ausbauchende Striche.

Will man das Muster so belassen, erhält es lediglich einen Schellackanstrich oder eine Politur. Einen »Verwischeffekt« erzielt man, indem man die Farbtupfer direkt nach dem Auftragen mit einem steifen Pinsel verstreicht und die Pinselspuren mit einem breiten weichen Pinsel anschließend glättet.

SPEZIALFINISHS

Manchmal verlangt ein Druck oder ein Gemälde einen besonders stilvollen Rahmen. In solchen Fällen trifft man mit Marmor- oder Schildpattimitat eine gute Wahl.

Ein kühles Marmorfinish, kombiniert mit einem passenden Passepartout, kann z.B. einem Architekturdruck einen äußerst eleganten »Rahmen« verleihen. Ein kräftiger Schwarzweißdruck des italienischen Künstlers Giovanni Battista Piranesi (um 1720–1778) hingegen verträgt einen Rahmen mit sattgrünem Serpentinmarmor-Imitat. Kleine Stückchen echten Marmors können bei der Herstellung des Finishs als Orientierungshilfe dienen, sollten jedoch nicht sklavisch kopiert werden, denn es wird ja lediglich der Eindruck von Marmor angestrebt.

Auch Schildpattimitat eignet sich gut als Finish. Im 16. und 17. Jahrhundert wurde in Nordeuropa häufig echtes Schildpattfurnier verarbeitet. Ab Ende des 16. Jahrhunderts begann man Schildpatt dann auch zu imitieren. Heute wählt man Rahmen mit Schildpattimitat meist für dekorative Drucke (z.B. mit Pflanzenmotiven). Ein grobes, deutlich als gemalt erkennbares Schildpattfinish paßt gut zu vielen naiven Gemälden oder Drucken. Kombiniert mit polierten, schwarz bemalten »Ebenholz«ecken oder erhabenen Innen- und/oder Außenprofilen, wirkt es sehr elegant.

Natürlich können all diese Finishs untereinander, aber auch mit anderen Techniken (z.B. Vergoldung) kombiniert werden.

MARMORIEREN

Nach dem Abschleifen eines hellen, vorzugsweise weißen Grundanstrichs werden mit Schwämmen, Pinseln und Tüchern in etlichen Schichten die gewünschten Farben aufgetragen. Die Basisfarbe darf dabei nicht vollständig abgedeckt werden.

Dann trägt man mit leicht zittrigen Bewegungen mit einem feinen Marderhaarpinsel die Adern und Verwerfungen des Steins ein (hier in Weiß, Dunkelgrau und Rot). Bevor sie vollständig getrocknet sind, werden diese Linien mit einem dickeren Dachshaarpinsel leicht verwischt.

Zu guter Letzt folgt eine Schicht Mattlack. Wenn sie vollständig getrocknet ist, reibt man den Rahmen mit Stahlwolle ab und poliert ihn dann mit Bienenwachs, um den charakteristischen sanften Marmorschimmer zu erzielen.

Rechts: Zwei sehr unterschiedliche Marmorfinishs. Um braunen Marmor (rechts im Bild) zu imitieren, träufelt man vorsichtig geringe Mengen Brennspiritus oder Terpentin auf den Farbanstrich.

POLIMENTVERGOLDUNG

Zunächst wird der Rahmen mit mehreren Schichten Gesso, einer gipsartigen Masse aus Schlämmkreide, Leim und Wasser, bestrichen. Die erste dünne Schicht dient der Versiegelung. Für die folgenden acht bis zwölf Schichten wird der Gesso mit Schlämmkreide angedickt. Jede Schicht muß ganz durchgetrocknet sein, bevor die nächste aufgetragen wird. Die letzte Schicht schleift man mit Schmirgelpapier ganz glatt.

Dann folgen vier bis sechs Schichten Bolus (Tonerde-Silikat). Der Tonwert des endgültigen Finishs hängt von der Färbung des Bolus ab. Der getrocknete Bolus wird mit feinster Stahlwolle sorgfältig von allen Unebenheiten befreit.

Die hauchdünnen Goldblättchen sind extrem empfindlich. Jedes Blatt wird auf dem Vergolderkissen geglättet und auf die passende Größe zurechtgeschnitten. Dann streicht man sich die Spitze des Anschießers (flacher Spezialpinsel) übers Gesicht, um sie statisch aufzuladen, nimmt mit ihr das Stückchen Blattgold auf, legt es auf den angefeuchteten Bolus und drückt es mit einem Fehhaarpinsel sanft an.

Mit einem Polierachat wird das Blattgold in die Spalten der Rahmenleiste gedrückt. Achat ist ein weicher, glatter Stein, der das Gold nicht beschädigt.

RAHMEN-VERGOLDUNG

Die Blattgoldapplikation erfordert Geschick, Geduld und Zeit. Doch der Aufwand lohnt sich: Ein warmes Goldfinish sieht wunderbar edel aus.

Da Gold eine »abstrakte« Farbe ist, mit der sich das Bild bestens von seiner Umgebung trennen läßt, eignen sich Goldrahmen für die verschiedensten Werke, z.B. für Ölgemälde, Aquarelle und Drucke. Eine der schwierigsten – und zugleich schönsten – Vergoldungstechniken ist die Polimentvergoldung: Mit einem Spezialpinsel wird hauchdünnes Blattgold auf wasserbenetzten Bolus (Poliment) aufgebracht.

Blattgold gibt es in zahlreichen Tönen – vom sehr blassen Zitronengelb bis zum rötlichen Goldton. Zudem prägt der Farbton des Bolus-Untergrundes, der durch die Vergoldung durchschimmert, den Tonwert des Goldfinishs. Bolus ist eine eisenoxidhaltige Tonerde, die in verschiedenen Farbnuancen (Ocker, Rosa, Rot, Blau und Schwarz) vorkommt. Er wird auf etliche Schichten Gesso aufgetragen, eine gipsartige Masse aus Schlämmkreide, Leim und Wasser, mit der sich auch die kleinsten Unebenheiten der Holzoberfläche ausgleichen lassen. Die Vergoldung wird nur dann den gewünschten Grad an Perfektion aufweisen, wenn der Untergrund entsprechend sorgfältig vorbereitet worden ist.

Die Vergolderwerkzeuge haben sich über die Jahrhunderte kaum verändert.

Polimentvergoldet werden nur die großen, gut zugänglichen Rahmenflächen. Geschnitzte Ornamente mit vielen Vertiefungen werden lediglich ölvergoldet. Polimentvergoldete Oberflächen können abgestaubt, sollten aber nie mit einem feuchten Tuch abgewischt werden, damit sich das wasserempfindliche Finish nicht ablöst. Schnitzereien mit starken Vertiefungen können mit einem weichen Pinsel gereinigt werden.

Außer Blattgold können in gleicher Weise auch andere in Blattform erhältliche Metalle appliziert werden, z.B. Weißgold (eine Legierung aus Gold und Silber), Silber und Platin. Damit diese Finishs nicht anlaufen, müssen sie mit Lack versiegelt werden – was wiederum viele gestalterische Möglichkeiten eröffnet. Mit Sepia abgetönter Lack z.B. verleiht einem Silberrahmen einen warmen Schimmer und erzeugt einen Alterungseffekt. Andererseits kann ein leicht angelaufener Silberrahmen durchaus dekorativ wirken. Je nach Wunsch stoppt man den Prozeß mit Hilfe einer Versiegelung.

Die preiswerte Alternative zu Blattgold ist unechtes Blattgold, das mit Vergolderleim aufgebracht wird. Vergolderleim ist ein gängiges Blattmetall-Klebemittel auf Ölbasis. Auch unechtes Blattgold läuft an und muß daher versiegelt werden.

Reines Blattgold benötigt keine Versiegelung, da es nicht stumpf wird, sondern seinen Glanz dauerhaft behält. Der Glanz wird durch Politur mit einem sogenannten Polierachat erzielt. Polierachate sind den gängigen Rahmenprofilen entsprechend abgerundet, spitz oder in anderen Formen erhältlich. Eigentlich ist mit dem Polieren die Arbeit beendet, doch in manchen Fällen mag ein Abnutzungseffekt wünschenswert sein. Ein zu stark glänzendes Goldfinish, das für ein Gemälde von eher zurückhaltender Farbigkeit aufdringlich wirken würde, läßt sich mit Watte oder feiner Stahlwolle »zurücktrimmen«, so daß der darunterliegende Bolus sichtbar wird. Man sollte dabei vorsichtig vorgehen. Die Kunst beim »Antikisieren« liegt darin, genau zum richtigen Zeitpunkt aufzuhören. Eine Blattvergoldung kostet sehr viel Zeit, und man sollte sie nicht durch unbedachte Nachbehandlung ruinieren.

SILBER- UND WEISSGOLDRAHMEN

Blattsilber und Blattweißgold (eine Legierung aus Gold und Silber) laufen an und müssen daher versiegelt werden. Um einen Alterungseffekt zu erzielen, arbeitet man mit einer getönten, sonst mit einer klaren Versiegelung.

POLIEREN

Ein unpoliertes Blattgoldfinish ist matt. Mit einem Polierachat kann es zu vollem Glanz gebracht werden.

ABNUTZUNGSEFFEKT

Wird die polierte Oberfläche mit Watte oder feiner Stahlwolle leicht abgerieben, löst sich das Blattgold an manchen Stellen ab und werden Spuren des farbigen Bolus sichtbar.

KRAKELEE ODER RISSIGER GESSO

Vorbereitete Streifen von rissigem Gesso werden auf den blanken Holzrahmen aufgeleimt und festgeklammert, bis der Leim ausgehärtet ist.

Sowohl rissiger als auch glatter Gesso kann in einem Elfenbeinton abgetönt oder andersfarbig gestrichen werden.

Gut ausgebildete Gesso-Haarrißbildung im Mittelbereich eines flach abfallenden Rahmens mit Wulstrand zwischen vergoldetem Innen- und Außenprofil.

AUFGEARBEITETE FINISHS

Statt einen Rahmen farbig anzustreichen oder zu vergolden, kann man ihn auch mit Furnieren oder Krakelee verzieren. Beide Techniken haben eine lange Tradition.

Furniere sind sehr dünne Deckblätter aus wertvollem Holz – Walnuß, Ahorn, Mahagoni, Ebenholz oder Rosenholz –, die auf Holzrahmen von geringer Qualität aufgeleimt werden. Früher wurden auch Schildpatt und Elfenbein als Furniere verarbeitet. Heutzutage werden Furniere maschinell zu ein bis zwei Millimeter starken Blättern geschnitten, dann auf das entsprechende Objekt aufgeleimt und zum Trocknen festgeklammert. Wenn der Leim vollständig ausgehärtet ist, wird das Furnier geglättet, eventuell gebeizt, schließlich lackiert und auf Glanz poliert.

Ein weiteres attraktives Finish ist Krakelee oder rissiger Gesso. Das Rezept für Krakelee stammt aus dem 18. Jahrhundert. In England wurde dieses Finish in den 1920er Jahren von dem Maler Syrie Maugham bekanntgemacht. Man schmückte damit Möbel, Schachteln u.ä. – und eben Bilderrahmen. Es gibt mehrere Möglichkeiten, Krakelee herzustellen. Eine der einfachsten besteht darin, mehrere Gessoschichten auf Stoff aufzubringen, das Ganze trocknen zu lassen und dann zu rollen, damit feine Risse entstehen. Für die Applikation wird der Stoff dann in schmale Streifen geschnitten.

FURNIERTE RAHMEN

Die gängigsten Furnierhölzer sind Walnuß und Ahorn. Auf den hellen Rahmen sind Eckverzierungen aus Ebenholz zu sehen, daneben einige Marketeriearbeiten. Leimt man kleine Furnierteile quer auf den Rahmen, erhält man eine sogenannte Querbänderung.

Lose Eckverbindungen lassen sich problemlos neu verleimen und mit Nägeln fixieren. Hat sich der Rahmen allerdings verzogen, muß er auseinandergenommen werden. Man kommt in diesem Fall nicht darum herum, die Leisten neu zuzuschneiden.

Sind fehlende Zierteile zu ersetzen, fertigt man von einem intakten, genau passenden Rahmenstück einen Tonabdruck an.

RAHMEN-RESTAURIERUNG

Da antike Rahmen in den letzten Jahren erstaunlich im Wert gestiegen sind, lohnt sich die Restaurierung alter, beschädigter Rahmen in vielen Fällen.

Häufig sind alte Rahmen beschädigt, wenn man sie erwirbt. Ecken haben sich gelöst, der Gipsdekor ist teilweise abgestoßen oder das Goldfinish verschrammt oder gar abgerieben. Das alles läßt sich reparieren. Probleme gibt es bei Antikrahmen, die mit billiger Goldfarbe überstrichen wurden. Im 19. Jahrhundert war es gang und gäbe, stumpf gewordene glanzvergoldete Rahmen zur Auffrischung des Glanzes mit Goldmetallfarbe zu überstreichen. Wer versucht, diese Farbe, die im Laufe der Zeit einen unschönen Bronzeton annimmt, hastig und unsachgemäß zu entfernen, läuft Gefahr, das Originalfinish und sogar den Gesso darunter zu zerstören. Qualifizierte Restauratoren prüfen zunächst, ob eine Originalvergoldung vorhanden ist, und erneuern u.U. das alte Finish.

Dann drückt man schnelltrocknende Restauriermasse in das Negativ und läßt sie abbinden.

Links: Ist die Restauriermasse erhärtet, wird der noch weiche Ton abgezogen.

Rechts und unten rechts: Zum Schluß poliert man das Ersatzteil und reibt es mit Watte ab, um einen Alterungseffekt zu erzielen. Nach einer derart professionell ausgeführten Reparatur ist die ausgebesserte Stelle nicht mehr als solche erkennbar.

Die Kanten des Ersatzteils werden so weit abgeschliffen, bis es sich an der beschädigten Stelle paßgenau einfügen läßt. Erst dann wird es aufgeleimt.

Ist der Leim erhärtet, erfolgt die Oberflächenbehandlung. Etliche Gessoschichten liefern die Basis für die Vergoldung und verdecken zudem die Nahtstellen. Dann wird Bolus und anschließend Blattgold aufgebracht.

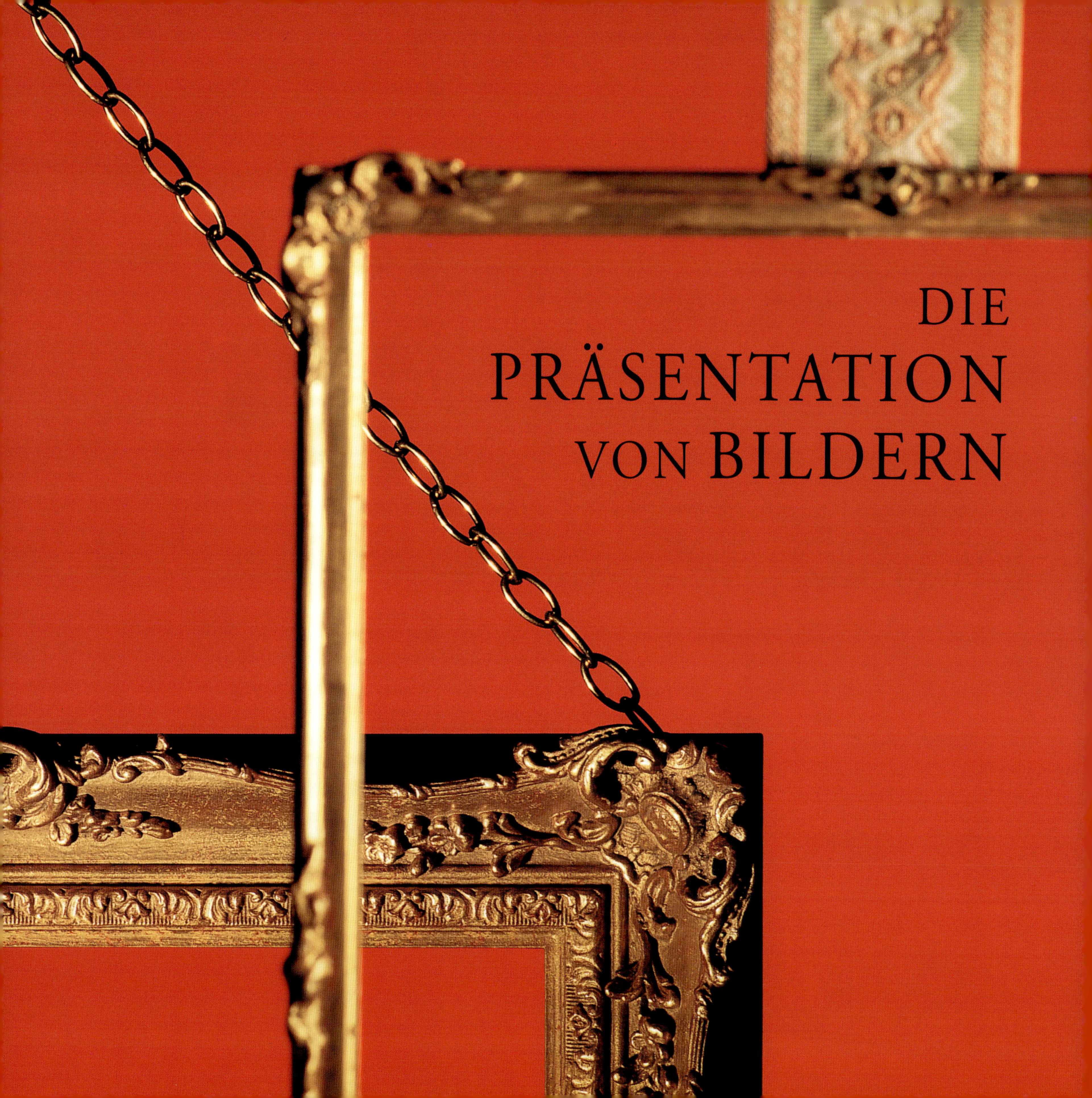
DIE
PRÄSENTATION
VON BILDERN

Bilder sind zum Aufhängen da. Wo und wie man sie präsentiert, ist daher ebensowichtig wie die Wahl des passenden Rahmens.

Rechts: Das Ergebnis eines sorgfältigen Arrangements: Diese drei in Gold und Schwarz gerahmten Zeichnungen harmonieren ausgezeichnet mit den hellen Holzmöbeln und der lichten Tapete.

Links: Möchte man mehrere Werke nebeneinander aufhängen, ist es oft praktischer, sie auf altbewährte Weise mit Hilfe von Messinghaken an Bilderleisten zu befestigen, statt für jedes Bild einen Haken in die Wand zu schlagen. Die Wände bleiben unbeschädigt, und die Bilder lassen sich problemlos umhängen.

In gewissem Sinn ist ein Bild erst dann vollständig »gerahmt«, wenn es seinen Platz an der Wand eingenommen hat. Zweierlei ist beim Aufhängen zu beachten: Einerseits gilt es, einzeln oder in Gruppen zusammengefaßte Gemälde als solche optimal zur Geltung zu bringen. Andererseits müssen sie aber auch zu dem umgebenden Raum passen. In diesem Kapitel erfahren Sie, wie diese Herausforderung zu meistern ist. Dabei werden spezielle Dekorationsschemata und räumliche Problembereiche mit berücksichtigt.

Obwohl in erster Linie ästhetische Aspekte die Bildpräsentation bestimmen sollten, sind zunächst einige grundlegende praktische Fragen zu klären. Erstens: Wie sollen die Bilder aufgehängt werden? Gute Rahmenhersteller halten gewöhnlich ein ganzes Sortiment an Aufhängevorrichtungen (Klappösen, Zackenaufhänger, Ringschrauben) sowie ausreichend starke Perlonkordeln und Bilderdraht bereit; sie wissen genau, was Sie benötigen. Normalerweise genügen Standardbilderhaken; für besonders harte Wände sind Haken erforderlich, die mit drei oder vier Spezialnägeln fixiert werden. Bei weichen und/oder bröckeligen Wänden benötigt man lange Schrauben, denn meist muß man bis in das Ziegelmauerwerk bohren und die Löcher verdübeln. Für Bilder von mehr als sieben Kilogramm Gewicht oder mehr als einem Meter Breite benötigt man zwei Haken.

Alles, was mehr als 15 Kilo wiegt – z.B. Ölgemälde mit schweren Goldrahmen oder große Spiegel –, sollte man keinesfalls mit gewöhnlichem Bilderdraht oder Perlonkordeln, sondern nur mit speziellen Ketten aufhängen. Sie werden über zwei Schrauben geführt, damit sich das Gewicht des Bildes gleichmäßig verteilt.

Darüber hinaus ist auf die Lichtverhältnisse im Raum zu achten. Aquarelle und Tuschzeichnungen z.B. bleichen aus, wenn sie über längere Zeit direktem Lichteinfall ausgesetzt werden, man sollte sie daher entsprechend plazieren. Des weiteren können Lichtreflexe bei verglasten Rahmen sehr störend wirken. Auch übermäßige Wärme schadet Bildern. Sie sollten daher nicht direkt über Heizkörpern aufgehängt werden.

Links: Weiße Wände und sparsame Möblierung bringen Gemälde und Skulpturen optimal zur Geltung.

Rechts: In diesem äußerst dekorativen Interieur schafft eine Auswahl einheitlich gerahmter historischer Modedrucke einen Eindruck von Gelassenheit und Luxus. Stoffbänder und Rosetten ergänzen das zwanglose Arrangement und stellen eine Verbindung zum Raumdekor her.

GRUNDPRINZIPIEN DER GESTALTUNG

Bilder prägen ein Zimmer genauso wie Wandfarben und Möbel. Das Arrangement von funktionalen und dekorativen Elementen bestimmt letztlich den Gesamtcharakter eines Raumes. Soll er ruhig oder lebhaft, kühl oder warm, bescheiden oder luxuriös wirken? Soll ein kühnes Gemälde ein ruhigeres Pendant an einer anderen Wand erhalten?

Um sich die Entscheidung zu erleichtern, kann man die Werke, die für ein Zimmer in Frage kommen, erst einmal an der Wand aufstellen und verschiedene Kombinationen ausprobieren. Welche Bilder passen zueinander, und wie harmonieren sie mit dem übrigen Raumdekor? An welcher Wand kommen sie am besten zur Geltung? Ist man sich im klaren darüber, welches Arrangement welchen Raumeindruck hervorruft, ist man auch in der Lage, sich für die beste Variante zu entscheiden.

Wer verschieden große Bilder in einem Raum unterbringen möchte, sollte sich zunächst den größten zuwenden. Je größer ein Gemälde, desto entscheidender sein Einfluß auf die Raumwirkung. Zudem stehen für sehr großformatige Bilder vermutlich ohnehin nur ein oder zwei Wände als »Bildfläche« zur Verfügung. Bei der Verteilung der restlichen Werke können sie dann als Orientierungshilfe dienen. Eines sollte man dabei immer bedenken: In jedem Raum gibt es bestimmte Blickpunkte, z.B. den Bereich über einem Sofa oder über dem Bett. Sie bieten sich für die Präsentation einzelner oder mehrerer Gemälde geradezu an. Auch in Nischen und an schmalen Wänden zwischen Türen und/oder Fenstern lassen sich Kunstwerke oft wirkungsvoll arrangieren.

Anders verfährt man mit Bildern, die thematisch zusammengehören und daher alle an einer Wand Platz finden sollen. Dazu gehören u.a. dekorative Drucke mit ähnlichen oder gleichen Motiven sowie unterschiedliche Darstellungen eines Sujets (etwa topographische Karten), Gemäldesammlungen oder ein Satz von Zeichnungen. Generell sind Gruppenarrangements sehr stimmungsprägend. Ölgemälde beispielsweise verleihen einem Raum oft eine gewisse Schwere, Zeichnungen wirken leicht und intellektuell, Kostümdrucke luxuriös und moderne Fotografien eher kühl-zurückhaltend.

Welche Bilder in welches Zimmer passen, hängt auch von den Raumproportionen ab. Ein Haus mit niedrigen Decken

***Oben:** Über Kleinmöbeln ist oft genügend Platz, um Lieblingsbilder aufzuhängen. Hier wurden Zinnkrüge und Kerzenständer so auf einer Anrichte mit Marmorplatte arrangiert, daß sie den Blick auf die beiden Landschaftsgemälde darüber lenken.*

***Oben links:** Eine Sammlung unterschiedlich großer Werke in zwangloser Anordnung über einem Treppenaufgang. Die Bilder können jederzeit problemlos umgehängt werden.*

ist nicht gerade der ideale Ort für ein großes Reiterbildnis eines Vorfahren. Umgekehrt wirken zierliche Gemälde, Handarbeiten o.ä. in großen Räumen verloren und sollten besser über Kleinmöbeln oder in zumindest klar abgegrenzten Raumbereichen aufgehängt werden.

Sobald entschieden ist, welche Bildergruppe wo hinkommt, müssen die Einzelbilder arrangiert werden. Ordnet man sie streng symmetrisch an, wirkt das Arrangement ruhig und ausgeglichen, aber häufig auch langweilig. Eine eher zufällige, flexible Anordnung hingegen schafft ein Gefühl behaglicher Ungezwungenheit. Hängt man die Bilder von Zeit zu Zeit um, sieht man Altvertrautes häufig in einem ganz neuen Licht, und zwar im wahrsten Sinne des Wortes.

Wichtig ist auch die Frage, in welcher Höhe ein Bild aufgehängt werden soll. In Dielen empfiehlt sich eine Positionierung in Augenhöhe oder etwas höher; so ziehen die Werke den Blick auf sich, werden jedoch im Vorübergehen nicht gestreift. In Wohn- und Schlafzimmern kann man Bilder ruhig etwas unter Augenhöhe aufhängen, v.a., wenn man sie in mehreren Reihen unterbringen muß oder möchte. Als Faustregel gilt: Je höher ein Bild hängt, desto strenger wirkt es, je niedriger, desto heimeliger.

Last but not least gilt es, auch die Lichtverhältnisse zu berücksichtigen. Der Lichteinfall beeinflußt die Bildwirkung. Und Kunstlicht wirkt sich anders aus als natürliches Licht. Daher sollte man entweder das Bild nach der gewünschten Beleuchtung oder diese nach dem Bild ausrichten. Bei Ölgemälden, insbesondere sehr dunklen Werken, fährt man mit Standardbeleuchtung häufig am besten.

Links: Ein außergewöhnlich breites Bild in einem entsprechenden Rahmen scheint die Tür zu verkleinern und verleiht dem Raum eine Atmosphäre intimer Behaglichkeit.

Oben: Dekoratives Ton-in-Ton-Ensemble. Gemälde und Objekte sind perfekt aufeinander abgestimmt.

Unten: Um auszuprobieren, wie einzelne Bilder im Raum wirken, stellt man sie an der Wand auf.

Ganz unten: Wie man hier sieht, können Möbel die Farbwirkung von Gemälden steigern.

Rechts: Die Wand über einem Sofa eignet sich hervorragend für die Präsentation von Kunstwerken. Diese beiden schmal gerahmten Werke wirken kühl und sehr modern.

KLEINE GRUPPEN-ARRANGEMENTS

In Nischen und über kleineren Möbelstücken können Bilder oft sehr ansprechend in kleinen Gruppen arrangiert werden. Insbesondere ähnlich große Gemälde mit harmonisch aufeinander abgestimmten Sujets oder Motiven lassen sich gut zusammenstellen. Dabei ist es häufig sinnvoll, zwei zusammengehörige Bilder nicht direkt nebeneinanderzuhängen, sondern ein andersformatiges Gemälde dazwischen zu plazieren. Mit ausgefallenen Formaten, z.B. ovalen oder runden Bildern, lassen sich interessante Effekte erzielen.

Die Kreation spannungsreicher Arrangements aus Werken mit differierenden Maßen und Sujets stellt dagegen eine Herausforderung dar. Zunächst sollten die Bilder auf dem Boden ausgebreitet und so lange hin und her geschoben werden, bis die ideale Anordnung gefunden ist. Das größte Bild der Gruppe kann dabei als eine Art optischer Anker fungieren. Hilfreich ist es auch, sich an imaginären Linien zu orientieren: z.B. einer zentralen horizontalen Linie, über und unter der Bilder plaziert werden, oder drei vertikalen Linien für senkrechte Bildkolonnen. Wer ein eher zwanglos wirkendes Arrangement wünscht, braucht solche Achsen nicht zu berücksichtigen. Wichtig ist in erster Linie, daß ein harmonischer Gesamteindruck erzielt wird.

***Oben:** Mit den asymmetrisch angeordneten Bildern in den beiden Nischen und lässig an den Kamin gelehnten Gemälden wird hier bewußt der Eindruck des Unfertigen, Informellen erzeugt.*

***Oben links:** Bilder beeinflussen die Raumatmosphäre. Hier wurde eine starre symmetrische Anordnung vermieden. Dennoch wirkt das Arrangement in sich geschlossen.*

***Links:** Eine horizontal und eine vertikal angeordnete Bildergruppe »umrahmen« das Bett.*

Links: Hier wurden runde, ovale und eckige Gemälde unterschiedlich gerahmt und sehr sorgfältig plaziert. Blickfang ist das große Porträt mit dem Louis-seize-Rahmen.

Oben: Die asymmetrische Bilderreihe bildet einen Kontrapunkt zu dem Einzelbild über dem Sofa.

Ganz oben: Das große Gemälde gibt den beiden seitlichen Bilderreihen optischen Halt.

Ganz links: Eine Serie von ausdrucksstarken Farbdrucken dominiert diesen modern eingerichteten Raum. Rahmen und Tisch sind aufeinander abgestimmt.

Links: Die Geradlinigkeit dieses Arrangements wird durch das Dreieckmuster der Aufhängung durchbrochen.

Unten: Die Reihe kleinformatiger Bilder bildet eine quer über die Wand verlaufende exakte Linie.

Unten rechts: Diese Serie rein dekorativer Bilder ist auf das Mobiliar abgestimmt und nimmt eine ganze Wand ein.

GROSSE GRUPPEN-ARRANGEMENTS

Will man eine Bilderserie oder mehrere gleich gerahmte Bilder aufhängen, ist eine regelmäßige, vielleicht sogar symmetrische Anordnung häufig die einfachste und oft auch ansprechendste Lösung. Dies gilt natürlich besonders für den Fall, daß es sich um Werke derselben Künstlerin oder desselben Künstlers handelt. Daß Arbeiten, die von vornherein als Serie konzipiert und in der Regel im selben Format angefertigt wurden, auch zusammen präsentiert werden sollten, versteht sich eigentlich von selbst. Man kann sie beispielsweise in einer horizontalen oder vertikalen Reihe oder in Form eines Rechtecks anordnen.

In manchen Fällen diktieren nicht die Werke selbst, sondern die räumlichen Gegebenheiten eine regelmäßige Bildanordnung. In einem eher chaotisch eingerichteten Raum wirkt eine symmetrisch gestaltete Bilderwand wie ein ruhender Pol.

Gruppenarrangements ziehen immer den Blick auf sich. Eine optimale Gesamtwirkung erzielt man jedoch nur dann, wenn man sie sorgfältig plaziert. Kein Bild sollte aus der Reihe tanzen.

KUNST-SAMMLUNGEN

Sammler wären keine Sammler, wenn nicht das Werk an sich für sie an erster Stelle stünde. Ihnen geht es in erster Linie um die optimale Präsentation ihrer Sammlung. Meist läßt sich das allmähliche Entstehen und Wachsen der Sammlung anhand des Arrangements der Bilder nachvollziehen. Deren Dekorationsfunktion tritt demgegenüber in den Hintergrund.

Da ständig Neuzugänge untergebracht werden müssen, hängen die Bilder meist dicht gedrängt in willkürlicher und asymmetrischer Anordnung. Viele Sammler hängen ihre Bilder ab und zu um, sei es, weil sie ein neues Gemälde erworben haben, sei es, weil sich ihr Geschmack verändert hat. Um Ordnung in das kreative Chaos zu bringen, kann man die Werke in vertikalen Kolonnen oder in horizontalen Reihen arrangieren. Es ist empfehlenswert, sich von einer Art Horizontlinie aus nach unten zu arbeiten. Große Bilder gehören dabei nach oben, kleine Werke nach unten, da sie in oder unter Augenhöhe leichter Beachtung finden.

Da Sammler meist sehr unterschiedliche Werke erwerben, die häufig weder technisch noch thematisch etwas miteinander zu tun haben, sollte man beim Arrangieren der Bilder auf optische Ausgewogenheit achten. Kleinformatige Zeich-

Oben: Die klassische Art, eine umfangreiche Sammlung in einem Treppenhaus zu präsentieren. Hier sind Zeichnungen und Drucke mit verschiedenen Motiven vereint.

Ganz links: Ein außergewöhnlicher Blickfang: mehrere Bilder auf einer Staffelei.

Links: Dadurch, daß die obere Bilderreihe in einer Art Horizontlinie abschließt, wird der Eindruck von Ordnung hervorgerufen.

Unten: Ein eigenwilliges Bilderarrangement lockert einen streng wirkenden Raum auf.

Ganz unten: Mit einer Bildersammlung lassen sich die Wände eines Raumes fast flächendeckend füllen.

Rechts: Großzügiges, wie zufällig wirkendes Arrangement unterschiedlich großer Bilder, das Platz für Neuerwerbungen läßt.

nungen, Aquarelle, Pastelle, Drucke und u.U. auch Fotografien lassen sich nach diesem Gesichtspunkt kombinieren. Der Schwerpunkt liegt hierbei auf dem »Narrativen« des Gesamtarrangements: Wie stehen die Bilder zueinander, und was sagt diese Anordnung über den Besitzer aus? Großformatigen Acryl- und Ölgemälden ist allerdings jeweils ein separater Platz einzuräumen, da sie eine gemischte Bildergruppe zu stark dominieren würden.

Auch in Treppenhäusern kann man Sammlungen wirkungsvoll arrangieren. Welche Anordnung die Werke am besten zur Geltung bringt, läßt sich durch Experimentieren leicht herausfinden. Man schiebt die Bilder so lange auf dem Boden hin und her, bis man mit dem Arrangement zufrieden ist. Das erfordert Zeit und Geduld, lohnt sich aber für jeden, der Abwechslung in seine »Bilderwände« bringen möchte.

DIE PRÄSENTATION VON EINZELBILDERN

Nirgends spielt die Beziehung zwischen Bild, Rahmen und Raum eine so wichtige Rolle wie bei der Präsentation eines einzelnen Kunstwerks. Ein Gruppenarrangement ist weit weniger problematisch.

Ein sehr auffallendes Kunstwerk sollte mit einem markanten Rahmen versehen und an einer exponierten Stelle aufgehängt werden. Ein eher konventionelles, durchschnittlich großes Gemälde hingegen gilt es in das bestehende Interieur zu integrieren. Dies ist nicht immer problemlos zu bewerkstelligen, läßt sich aber z.B. erreichen, indem man Passepartout und Rahmen farblich auf Möbel oder Wände abstimmt. Manche architektonischen Elemente, beispielsweise Nischen oder schmale Wände zwischen zwei Fenstern, sind geradezu prädestiniert für eine Bilddekoration.

Links: Andy Warhols riesiger Seidensiebdruck, das einzige farbige Element in diesem von Weiß, Schwarz und Chrom dominierten doppelstöckigen Raum, ist von geradezu bezwingender Ausdruckskraft. Die georgianischen Fenster finden ihr Echo in den Bildfeldern. Der Kastenrahmen besteht aus Plexiglas.

Rechts: Der Rahmen ist genauso groß wie der Kamin, das Goldfinish paßt zum Messingzubehör, und das cremefarbene Passepartout harmoniert mit dem Liegesofa. Trotz ihrer Größe drängt sich die Zeichnung nicht in den Vordergrund. Ein Interieur von ruhig-gediegener Eleganz.

Rechts: Ein Dreiviertelporträt wirkt immer imposant und kommt am besten vor einem hellen Hintergrund zur Geltung. Der weiche Goldton des Rahmens ist perfekt auf die gedämpften Farben des Gemäldes abgestimmt.

Rechts: Strenge Linienführung in einem konsequent bis hin zu den Bilderrahmen schwarzweiß durchgestylten Interieur. Die dargestellten Personen bringen Bewegung in den Raum.

Links: Miniaturen lassen sich beispielsweise vor einem solchen Stoff mit Blattwerkstickerei im Stil des 19. Jahrhunderts ansprechend arrangieren.

Ganz links: Die dunklen Töne der Bilder dämpfen das warme Ockerorange der Wand.

WERK UND WAND

Mehr als alles andere prägen Farben, Strukturen und Muster der Wände die Stimmung eines Raumes. Meist ist die Farbe die ausschlaggebende Komponente. Reinweiße Wände z.B. wirken neutral und machen den Raum weit; dunkel getönte hingegen schaffen je nach Farbton eine bestimmte Atmosphäre.

Mit Bildern kann man diese Stimmung entweder verstärken oder abschwächen. Traditionelle Ölgemälde und andere Werke ohne Passepartout beispielsweise scheinen mit dunklen Wänden regelrecht zu verschmelzen und deren Ausstrahlung zu intensivieren. Werke, die großzügig mit hellen Passepartouts gerahmt wurden, z.B. Schwarzweißstiche, »intellektualisieren« hingegen die Raumatmosphäre. Grundsätzlich bieten helle oder in einem mittleren Ton gestaltete Wände einen idealen Hintergrund für Aquarelle und viele moderne Werke. Auf ihnen können sie ihre Wirkung voll entfalten.

Texturen mildern Farbeffekte. Eine blanke oder gestrichene Ziegelsteinwand wirkt rustikal, Wände mit Stoffbespannung vermitteln den Eindruck von Wärme. Daher passen zu Stoffwänden eher dekorative Bilder in zarten Tönen, zu

Rechts: In diesem Interieur sind Wand, Gemälde und Sofa harmonisch aufeinander abgestimmt. Es entsteht ein dezent-behaglicher Gesamteindruck.

rohen Ziegelsteinwänden hingegen v.a. robuste Ölgemälde, naive Gemälde und eventuell auch gerahmte Objekte. Einen neutraleren Hintergrund bildet gestrichener Ziegelstein. Besondere gestalterische Sorgfalt erfordern holzvertäfelte Räume. Helle Vertäfelungen bringen Gemälde mit warmen, satten Farben gut zur Geltung. Dunkle Vertäfelungen stellen einen vor die Entscheidung, ob man sie durch Bilder in düsteren Tönen noch mehr »verdunkeln« oder durch Bilder mit großzügigen hellen Passepartouts aufhellen und auflockern möchte. Auf Holzrahmen sollte man verzichten, da sie mit der Holzvertäfelung optisch verschmelzen. Passender sind Rahmen, die sich gut von der Wand abheben – auf dunkler Eiche z.B. Gold-, auf Kiefer farbige Rahmen.

Gemusterte Tapeten bieten vielfältige Gestaltungsmöglichkeiten. Dezente Muster allerdings treten optisch hinter die Farbe der Tapete zurück. Auffallend gemusterte Tapeten verlangen nach ausdrucksstarken Bildern mit auffälligen Rahmen. Je breiter das Passepartout oder der Rahmen, desto besser hebt sich ein Gemälde vom Hintergrund ab. Umgekehrt vermittelt ein Arrangement aus mehreren kleineren Werken in kunstvoll gearbeiteten Rahmen einen Hauch von Luxus.

***Oben:** Die beiden Bilder mit breiten furnierten Holzrahmen bilden ein Gegengewicht zu der auffälligen Wandbespannung.*

***Links:** Gewagte Arrangements können sehr schön wirken. Die blaue Wand bringt den gelben Hintergrund des Bildes regelrecht zum Leuchten. Ein solider schwarzgoldener Rahmen wirkt als optische »Brücke«.*

Links: Gemälde, furnierter Rahmen und Sitzbank passen ideal zusammen.

Unten: Einbaubücherschränke bieten viel Platz für die Präsentation kleinerer Bilder.

Ganz unten: Kombiniert mit anderen Gegenständen, bekommt das Gemälde auf der kleinen Staffelei Objektcharakter.

BILDER UND OBJEKTE

Mit Bildarrangements über oder in der Nähe von Möbeln erzielt man häufig interessante Effekte. Werke in Furnierrahmen kommen beispielsweise über Schreibtischen oder antiken Kommoden, Pflanzendrucke über mit geblümten Stoffen bezogenen Sofas gut zur Geltung. Dazu machen sich Rahmen mit dekorativen Finishs (z.B. Marmorimitat) besonders gut.

Ebenso attraktiv ist die Kombination von Bildern mit funktionalen und/oder dekorativen Objekten oder mit dreidimensionalen Kunstwerken, insbesondere Skulpturen. Dabei ist es wichtig, einen optischen Bezug zwischen Objekt und Bild herzustellen, etwa über Farben, Muster oder Sujet. So wird man fernöstliche Drucke mit chinesischen Vasen kombinieren oder schwarzweiße Architekturdrucke mit monochrom grauen oder weißen Objekten. Es lohnt sich, mit verschiedenen Gegenständen zu experimentieren. Hierbei sollte man immer eine optische Balance anstreben, d.h. darauf achten, daß keines der Elemente die anderen in den Hintergrund drängt.

Gemälde und Skulpturen sind auf Abstand zu halten. Beide benötigen ihren je eigenen Raum. Doch durch Form oder Farbe kann auch über eine gewisse Distanz hinweg ein Bezug hergestellt werden.

Links: Bei diesem Arrangement ist die Verbindung von Bildsujet und Objekt sehr augenfällig. Der Glasobelisk verweist auf den Obelisken auf dem obersten der vier Architekturdrucke und umgekehrt.

Oben: »Klassische« Drucke oder Gemälde lassen sich gut mit modernen Skulpturen kombinieren, wenn Bild und Skulptur jeweils genügend eigener Raum gewährt wird. Eine subtile Verbindung beider Werke stellt sich hier über die Farbe her.

Rechts: Der monochrome Druck bildet einen ansprechenden Hintergrund für diese Objektsammlung auf einem schmiedeeisernen Beistelltisch.

Links: Dieses Treppenhaus mit Stahltreppe und Betonwand gewinnt durch das ausdrucksstarke große Gemälde und die sorgfältig plazierten Objekte.

Rechts: Drei freundliche Drucke, die Tageslicht erhalten, ein farbenfrohes Gemälde und ein bunter Krug machen eine unscheinbare Ecke zum Blickfang.

Unten: Enge Korridore lassen sich durch interessante Bilder optisch aufwerten.

Ganz oben: Platzsparendes Arrangement von Drucken in einem Dachschlafzimmer.

Oben: Die Läden sind mit einer beweglichen Bilderschiene aus Messing verschlossen.

BESONDERE HERAUS-FORDERUNGEN

In jedem Haus gibt es »optische Problemzonen«, z.B. verwinkelte Stellen oder dunkle Ecken, deren Gestaltung etwas Geschick verlangt. Man sollte sie nicht mit Bildern zweiter Wahl bestücken, im Gegenteil: Gerade außergewöhnliche Werke kommen an solchen Stellen oft sehr gut zur Geltung.

Besonders effektvoll wirken Bilder dort, wo man sie nicht vermutet: in kleinen Garderoben oder Fluren, über einer Tür oder unter einer Dachschräge, in einem engen Treppenaufgang oder an einer Schranktür. Gerade für ausgesprochen unkonventionelle oder eigenwillige Werke, die sich in kein Arrangement einfügen wollen, sind diese Plätze oft ideal. An »kleinen« Wänden lassen sich auch gerahmte Objekte gut unterbringen, z.B. Fächergehäuse über Türen oder Handarbeiten an den schmalen Wänden zwischen zwei Fenstern.

Räume wie Badezimmer oder Küche werfen eher praktische Probleme auf. Hier richten Wärme und Dampf an empfindlichen Werken Schaden an, so daß es sich empfiehlt, Kopien und billige Drucke anstelle von Aquarellen und Pastellen aufzuhängen. In Dachzimmern oder ausgebauten Dachstühlen mit Schrägen steht oft nur wenig und meist ungünstig geschnittene Fläche für Bilder zur Verfügung. Hier gilt es, aus der Not eine Tugend und die entsprechende Wand mit Hilfe eines Kunstwerks zum Blickfang zu machen.

Oben: Die blau-weißen Schälchen und das an die Wand gelehnte Bild lenken den Blick vom Heizkörper ab.

Rechts: Schräge Wände in Dachwohnungen lassen sich mit etwas Phantasie sehr ansprechend »bebildern«.

BILDNACHWEIS

Alle Illustrationen: Caroline McAdam Clark

Zeichenerklärung: *r* = rechts, *l* = links, *o* = oben, *u* = unten, *M* = Mitte

Die Autoren und der Verlag Ryland Peters & Small möchten den nachfolgend genannten Personen danken, daß sie ihnen Rahmen und gerahmte Kunstwerke zur Verfügung gestellt haben. Den Künstlerinnen und Künstlern danken sie für die freundliche Genehmigung zum Abdruck ihrer Bilder in diesem Buch. Es wurde alles unternommen, um die Urheberrechte zu wahren.

3 Trowbridge Gallery; 5 *lu* Stewart Heslop; 8 *l* Stewart Heslop; 10 Wilkins & Wilkins; 13 *o* Stewart Heslop; 20–21 alle Rahmen: Lacy Gallery; 23 *ro* Wilkins & Wilkins; 24–25 alle Rahmen: Lacy Gallery; 26–27 alle einzelnen Rahmen außer *ru* Wilkins & Wilkins; 28–29 alle Rahmen: Lacy Gallery; 34 obere Reihe: Rupert Cavendish Antiques; 34 *ru* Wilkins & Wilkins; 37 *lu* Wilkins & Wilkins; 39 York Whiting; 41 *ru* Lacy Gallery; 42–43 alle Rahmen: Lacy Gallery; 44 *The Guitarist:* Laetitia Yhap; 45 *lu* Lacy Gallery; 51 Restaurierungen: Michael Cunningham und Alison Thomas; 55 *o Garden of Delights:* Caroline McAdam Clark; 55 *r Palazzo Dario:* Caroline McAdam Clark; 56 *Staircase, Menton:* Guy Roddon; 57 *Kohlrabi:* Dennis Gilbert; 58 *lo Stellar:* Berthe Dubail; 58 *r* ohne Titel: Caroline Feetham; 59 *o Fulham Power Station 1:* Sophie Macpherson; 59 *u The Birth of Mani* © 1997 Kim Poor (Billy Budis/Gallery K); 60 *l Still Life with Vase of Flowers:* John McCorquodale; 60 *o Bouziès, France:* Robert Organ; 61 *o* ohne Titel: Caroline Feetham; 60 *r Party Girl with Black Velvet Choker:* Janet Patterson; 62 *Paul Cleaning a Cuttlefish:* Laetitia Yhap; 63 *Greek Landscape with Goat 1989:* Caroline McAdam Clark; 64 *A Foxhound:* John McCorquodale; 65 *o Portrait of Dr Arthur Melville Clark:* Adam Bruce Thomson OBE, RSA, PRSW; 65 *u A Pig by its Sty:* Michael Lynch; 66 Konservierung: Deborah Bates Conservation; 69 *ro* Laurelie Walter Interiors; 69 *u Pineapple Jug:* Geraldine Girvan (Chris Beetles Gallery); 70 *On the Beach:* Mary Adshead; 71 *l L'Anse aux Epines:* Stephen Bartlett, *ro Cowpers Cross, 1995:* Simon Brown, *u Boatyard II:* Alistair Grant (alle Business Art Gallery); 72–73 *Venice, A Gondolier:* Stan Smith; 74 *l Brasserie Lipp, Paris:* Guy Roddon; 74 *r The Bathers:* Leon Ernest Drivier © DACS 1997; 75 *Still Life with Figs:* Rachel Hemming Bray; 77 Goldrahmen Lacy Gallery; 78 *o Salome and Hare:* Linda Sutton; 78 *lu Paddy's Hole:* Graham Crowley; 78 *ru Nude:* Larraine Lacey; 80 *l Testing Corn Plasters in the Salon of a Fashionable West End Chiropodist:* William Heath Robinson (Chris Beetles Gallery); 81 *o The 'Potter about the Hall all Day and Watch the Funny People Come and Go' Person* © Landsitz von H. M. Bateman; 81 *ru Red Ribbon:* Annie Tempest (O'Shea Gallery); 82 Pigeonhole Gallery; 83 Bühnenbildentwurf zu *Devil's Holiday:* Eugene Berman (Marina Henderson Gallery); 86 *l Kitty Levant les Bras et Adèle Préparant le Bain* 1902: Suzanne Valadon © ADAGP, Paris und DACS, London 1997; 86 *r* Lithographie ohne Titel (zwei Frauen und ein Hund): Marie Laurencin © ADAGP, Paris und DACS, London 1997; 87 *lo Travnik, Bosnia:* Bernard Rice; 87 *ro* Lithographie ohne Titel (weibliche Aktstudie): Aristide Maillol © ADAGP, Paris and DACS, London 1997; 87 *u Into the Night:* Samira Abbassy; 88 *o* und *r* Pigeonhole Gallery; 88 *l* O'Shea Gallery; 89 *r* O'Shea Gallery; 90–91 alle Pigeonhole Gallery; 92–93 alle O'Shea Gallery; 94 O'Shea Gallery; 95 *o* O'Shea Gallery; 95 *lu* Pigeonhole Gallery; 95 *ru* O'Shea Gallery; 96 *l* Pigeonhole Gallery; 96 *M* und *r* Trowbridge Gallery; 97 alle Pigeonhole Gallery; 100 *l Pink Collage 1978:* Caroline McAdam Clark; 100 *r* Collage: LoCole; 101 *l* Collage: Stephen Andrews; 101 *r Green and Yellow Collage 1978:* Caroline McAdam Clark; 103 *ro* O'Shea Gallery; 104 *lo Christ Chasing the Money Changers from the Temple:* Eric Gill; 104 *lu Portrait of a Boy 1989:* Caroline McAdam Clark; 106 *ro* Laurelie Walter Interiors; 107 *r* Serie von Original-Familienfotos, gesammelt von Manuela Höfer; 108 *o Rose:* Bruce Rae; 108 *lu* Originalfotodruck, handkoloriert von Manuela Höfer; 108 *r* Originalfotodrucke: Manuela Höfer; 109 beide Fotos: Jonathan Lovekin; 112 *l* Herstellung: Sean Ford, Rahmung: The Frame Factory; 112 *r* Shaker; 113 Herstellung: Sean Ford, Rahmung: The Frame Factory; 114 Herstellung: Sean Ford, Rahmung: The Frame Factory; 115 *Lapis:* Peter Cross (Lapis); 116 *l* Herstellung: Sean Ford, Rahmung: The Frame Factory; 116 *ro* Herstellung: Sean Ford, Metallkastenrahmen: Paperchase; 116 *ru The Art Clock:* Joan Molloy (Lapis); 117 *l Astrantia:* Helen Smythe; 117 *r Female Figure Standing:* Sophie McCarthy; 118 dreidimensionale Collage: Mandy Pritty; 119 *lo* The Pier; 121 *ro Porcelain Flowers:* Helen Smythe; 121 *ru* Marina Henderson Gallery; 144 *u* Stewart Heslop; 148–149 Kette, Kordel und Borte: Laurelie Walter Interiors; 165 *l Still Life with Pink Vase:* Craigie Aitchison (Wiseman Originals); 170 Rupert Cavendish Antiques; 171 Simeon Smythe; 172 *Fishguard:* Lesley Donald (Framing Machine); 174 *Winter:* Helen Smythe; 175 Foto: Jonathan Lovekin; 176 Wilkins & Wilkins.

FOTOGRAFIEN

2 Paul Ryan/International Interiors/ Victoria Hagan; 7 Simon Upton/Caroline und Garth Wiseman, London; 11 Der Judaskuß, um 1305 (Fresko): Ambrogio Bondone Giotto (um 1266–1337), Scrovegni (Arena) Chapel, Padua/ Bridgeman Art Library, London; 12 *lo* mit freundlicher Genehmigung der Kuratoren der National Gallery, London; 12 *lu* Diözesan-Museum, Cortona/E.T.Archive; 12 *ru* San Marco, Florenz/E.T.Archive; 13 *lo* Bonhams, London/Bridgeman Art Library, London; 13 *M* mit freundlicher Genehmigung der Kuratoren der National Gallery, London; 13 *ru* Correr Museum, Venedig/E.T.Archive; 14 mit freundlicher Genehmigung der National Portrait Gallery, London; 15 *lo Il Redentore*, Sakristei, Venedig/AKG London; 15 *ro* Stadtmuseum, Belluno/E.T.Archive; 15 *u* Bonhams, London/Bridgeman Art Library, London; 16 *lo* Bonhams, London/ Bridgeman Art Library, London; 16 *lu* Bonhams, London/Bridgeman Art Library, London; 16 *r* Rijksmuseum Amsterdam; 17 *ro* Bonhams, London/ Bridgeman Art Library, London; 17 *Mr* Bonhams, London/Bridgeman Art Library, London; 17 *ru* Bonhams, London/ Bridgeman Art Library, London; 18 © PHOTO R.M.N./Gérard Blot; 19 © PHOTO R.M.N./J. Derenne; 22 *o* mit freundlicher Genehmigung des Rev. Maurice Stuart/Mark Fiennes Library; 22 *u* © National Trust Photo Library/ Andreas von Einsiedel; 23 *lo* © National Trust Photo Library; 23 *ru* mit freundlicher Genehmigung der National Portrait Gallery, London; 26 *u* Château de Canon – John Frost/*Country-Life*-Archiv; 30 *ro* und *lu* mit freundlicher Genehmigung Winterthur Museum; 31 *lo* (beide Bilder) Abby Aldrich Rockefeller Folk Art Center, Williamsburg, VA; 32 *lo*, *ro* und *ru*, Abby Aldrich Rockefeller Folk Art Center, Williamsburg, VA; 33 *o* Richard Bryant/ Arcaid; 33 *u* © PHOTO R.M.N./Khalid El Majd; 34 *l* Robert-Schumann-Gedenkstätte Bonn/AKG London; 35 *ro* Stoklosters – Alex Starkey/*Country-Life*-Archiv; 35 *u* James Merrell/Schwedische Nationale Porträtsammlung, Schloß Gripsholm; 36 *ro* Wightwick Manor – Simon Upton/*Country-Life*-Archiv; 36 *u Beata Beatrix*, um 1864–1870: Dante Gabriel Rossetti (1828–1882)/National Gallery of Scotland, Edinburgh/Bridgeman Art Library, London; 37 *lo The Bracelet:* Frederick Leighton (1830–1896)/The Fine Art Society, London/Bridgeman Art Library, London; 37 *ro* Kuratorium der National Museums and Galleries on Merseyside (Walker Art Gallery, Liverpool); 37 *ru Amarilla:* Frederick Leighton (1830–1896)/Christie's Images, London/Bridgeman Art Library, London; 38 *lo* Stuckvilla, München, AKG London; 38 *M* Österreichische Galerie Belvedere, Wien/Erich Lessing/AKG London; 38 *ru* Historisches Museum, Wien/Erich Lessing/AKG London; 40 © PHOTO R.M.N.; 41 *l Le Cirque*, 1891: Georges Pierre Seurat (1859–1891)/Musée d'Orsay, Paris/Lauros-Giraudon/Bridgeman Art Library, London; 41 *ro* Ashmolean Museum, Oxford; 44 *o* Laetitia Yhap; 44 *u* Mark Fiennes Library; 45 *o* Elke Walford, Hamburger Kunsthalle, Hamburg; 45 *ru* Simon Upton (*ro* und *ru*: Robert Saint-Cricq, *lu*: Nicolaas Warb, *lo*: Roser); 150 Simon Upton/Caroline und Garth Wiseman, London; 151 The Interior Archive/Fritz von der Schulenburg; 152 The Interior Archive/Henry Wilson; 153 *Mo* und *lu* The Interior Archive/Fritz von der Schulenburg; 153 *ro* Simon Upton; 154 *ro* Simon Upton/ Anne Boyds Wohnung in London; 154 *lu* The Interior Archive/Fritz von der Schulenburg; 155 *lo* Paul Ryan/International Interiors/Corinne Calesso; 155 *lu* Ray Main/ Mainstream; 155 *r* Simon Upton/ Anne Boyds Wohnung in London; 156 *lo* The Interior Archive/ Fritz von der Schulenburg; 156 *ro* Simon Upton/ Caroline und Garth Wiseman, London; 156 *lu* Simon Upton/Wohnung in London, Design: Michael Daly; 157 *l* Simon Upton; 157 *ro* The Interior Archive/Tim Beddow; 157 *ru* Paul Ryan/International Interiors/ Kriistina Ratia; 158 Foto Ken Sparkes/ Gestaltung: Lynda Clark; 159 *lo* Ray Main/Mainstream/Architekt Charles Rutherfoord; 159 *lu* Bild: dennis krukowski/Designer Robert L. Zion; 159 *ru* Simon Upton/Wohnung in London, Design: Michael Daly; 160 *ro* Elizabeth Whiting Associates/Michael Dunne; 160 *lu* The Interior Archive/Fritz von der Schulenburg/Designer Jacques Granges; 160 *ru* Bild: dennis krukowski/Designer Robert L. Zion; 161 *lo* James Merrell/ Wohnung von Frédéric Méchiche in Paris; 161 *ro* The Interior Archive/Simon Brown; 161 *o* Ray Main/Mainstream; 162 *lu* Richard Bryant/Arcaid; 162–163 The Interior Archive/Fritz von der Schulenburg/Design: Bill Blass; 163 *ro* James Merrell/Stephen Ryan, Haus des Designers in London; 163 *ru* Jeremy Cockayne/ Arcaid; 164 *lo* Ianthé Ruthven; 164 *ro* Paul Ryan/International Interiors/ Sasha Waddell; 164 *u* Solvi dos Santos; 165 *l* Simon Upton/Caroline und Garth Wiseman, London; 165 *ro* Robert Harding Syndication/*Homes & Gardens*/Tim Beddow; 166 *l* The Interior Archive/Simon Brown; 166 *ro* The Interior Archive/Fritz von der Schulenburg/Design: Stephanie Hoppen; 166 *ru* Simon Upton/Wohnung in London, Design: Michael Daly; 167 *ru* Simon Upton/Anne Boyds Wohnung in London; 168 *lo* Paul Ryan/ International Interiors/Martha Baker; 168 *ro* Solvi dos Santos; 168 *lu* The Interior Archive/Fritz von der Schulenburg/Designer Bill Blass; 168 *ru* Christian Sarramon; 169 *lo* und *lu* Simon Upton/ Caroline und Garth Wiseman, London; 169 *r* Richard Bryant/Arcaid; 173 Simon Upton.

BEZUGSADRESSEN

(nach Postleitzahlen sortiert)

Die Aufteilung in Rahmenmacher, Restauratoren und Händler dient vor allem der Übersichtlichkeit; in Wirklichkeit gibt es natürlich häufig Überschneidungen: Viele Händler, die alte Rahmen verkaufen, arbeiten auch als Restauratoren oder fertigen Stilkopien an. Genauso gibt es Rahmenmacher, die mit alten Rahmen handeln.

Rahmenmacher/Vergolder

Deutschland

Rahmenwerkstatt Fritz Geyer
Oberer Steinweg 1
08523 Plauen
Tel. 0 37 41 / 22 60 77

Werner Wormuth
Fuggerstr. 19
10777 Berlin
Tel. 0 30 / 2 18 33 37

Bilderrahmen Landwehr
Naunynstr. 38
10999 Berlin
Tel. 0 30 / 6 15 64 64

Monika Günther
Papenhuder Str. 33
22087 Hamburg
Tel. 0 40 / 2 29 04 91

Hubert Schweisshelm
Lutherstr. 14
30171 Hannover
Tel. 05 11 / 85 52 13

C + P Atelier
Otto-Hahn-Str. 9
48301 Nottuln
Tel. 0 25 02 / 2 56 90

Werkladen Rahmen & Bild
Eifelwall 56
50674 Köln
Tel. 02 21 / 41 98 84

Werner Murrer
Zennerstr. 6
81379 München
Tel. 0 89 / 7 23 67 23

Werner Munk
Wuhrstr. 12 a
89312 Günzburg
Tel. 0 82 21 / 3 14 67

Österreich

Galerie Plank
Kirchengasse 13
1070 Wien
Tel. 01 / 52 61 15 40

Preiner
Klosterwiesgasse 18
8010 Graz
Tel. 03 16 / 8 26 39 20

Schweiz

Daniel Dobi
Nydeggstalden 10
3011 Bern
Tel. 0 31 / 3 11 38 01

A. Stadelmann
Stockbrunnenrain 3
4123 Allschwil
Tel. 0 61 / 3 02 39 30
und 3 02 35 79

Mörgeli
Schipfe 3
8000 Zürich
Tel. 01 / 2 11 91 07

Aufarbeitung von Bilderrahmen

Deutschland

Manfred Th. Blome
Hallerstr. 4
30161 Hannover
Tel. 05 11 / 77 61 06
und 31 43 74

Claudia Michaela von Hennigs
Am Fronberg 23
40489 Düsseldorf
Tel. 02 11 / 40 80 13

Stanislaw Kurek
Bonner Str. 23
53173 Bonn
Tel. 02 28 / 31 42 60

Reinhard Werner
Eckenheimer Schulstr. 22
60435 Frankfurt am Main
Tel. 0 69 / 5 48 59 22
und 67 56 22

Albin Oswald
Westerstetter Str. 8
72510 Stetten
Tel. 0 75 73 / 24 48

Eugen Barthelmeß
Vordere Ledergasse 4–6
90404 Nürnberg
Tel. 09 11 / 22 72 42

Österreich

Anton Böck
Währinger Str. 27
1090 Wien
Tel. 01 / 4 05 02 46

Schweiz

Rahmenatelier G.
St.-Alban-Vorstadt 9
4052 Basel
Tel. 0 61 / 2 72 70 60

Lope Atelier
Zähringer Str. 26
8001 Zürich
Tel. 01 / 2 01 60 70

Restauratorenverbände
können Adressen nennen

Deutschland

Vereinigung Deutscher
Restauratorenverbände
Henrietta Hessels
Geschäftsführerin
Holzweg 2, 50999 Köln
Tel. 0 22 36 / 6 32 14

Österreich

Österreichischer
Restauratorenverband
Postfach 576, 1011 Wien

Schweiz

Schweizerischer Verband für
Konservierung und
Restaurierung
Sekretariat
Silvia Müller
Brunngasse 60
3011 Bern
Tel. 0 31 / 3 11 63 03

Auf alte Bilderrahmen spezialisierte Händler

Deutschland

Olaf Lemke
Eisenacher Str. 7
10777 Berlin
Tel. 0 30 / 2 11 20 87

Helga Maria Weber
Eppendorfer Baum 23
20249 Hamburg
Tel. 0 40 / 47 85 93

Martin Dickel
Sillemstr. 60
20257 Hamburg
Tel. 0 40 / 49 58 85

F.G. Conzen
Schanzenstr. 56
40549 Düsseldorf
Tel. 02 11 / 57 70 10
und 13 30 66

Galerie Christel Reuther
Seestr. 4
80802 München
Tel. 0 89 / 39 17 11

Konrad Riggauer
Lilienstr. 11–13
81669 München
Tel. 0 89 / 48 15 85

Österreich

Entzmann & Sohn
Seilerstätte 21
1010 Wien
Tel. 01 / 5 12 18 90

Schweiz

Niklaus Knöll
Herbergsgasse 4
4054 Basel
Tel. 0 61 / 2 61 60 06

Thomas Knöll
Utengasse 52
4054 Basel
Tel. 0 61 / 6 92 29 88

Künstlerbedarf

Deutschland

Malkasten
An der Frauenkirche 10
01067 Dresden
Tel. 03 51 / 4 95 15 71

Christa Bärsch
Grassistr. 3
04107 Leipzig
Tel. 03 41 / 9 60 71 28

Hünicke
An der Stadtautobahn 1
18069 Rostock
Tel. 03 81 / 77 80 00

Schacht und Westerich
Große Bleichen 36
20357 Hamburg
Tel. 0 40 / 34 00 76

Richard Zimmermann
Am Wall 193
28195 Bremen
Tel. 04 21 / 33 55 40

art materials service
Königsworther Str. 3
30167 Hannover
Tel. 05 11 / 1 81 12

Deutschmann
Königstor 2
34134 Kassel
Tel. 05 61 / 71 11 71

Tube
Mühlengasse 3
40213 Düsseldorf
Tel. 02 11 / 32 00 27

Kölner Malkasten
Breite Str. 161
50667 Köln
Tel. 02 21 / 2 57 49 04

Heinz Rings
Josef-Görres-Platz 3
56068 Koblenz
Tel. 02 61 / 3 67 45

Farben Jenisch
Berliner Str. 74
60311 Frankfurt am Main
Tel. 0 69 / 97 90 02 90

Albert Martz
Lautenschlagerstr. 24
70173 Stuttgart
Tel. 07 11 / 29 23 44

Schachinger
Josephspitalstr. 6
80331 München
Tel. 0 89 / 2 60 32 92

Kunstnetzwerk
Reichenbachstr. 14
80469 München
Tel. 0 89 / 26 02 65 65

Österreich

Otto Kummer
Schottenfeldgasse 3
1070 Wien
Tel. 01 / 5 23 84 88

Ivo Haas
Griesgasse 10
5020 Salzburg
Tel. 06 62 / 8 42 37 10

Bier & Bindel
Leopoldstr. 38
6020 Innsbruck
Tel. 05 12 / 5 88 83 30

Schweiz

Farbwaren Schneider
Waisenhausplatz 26
3011 Bern
Tel. 0 31 / 3 11 12 49

Diana
Frankenstr. 20
6003 Luzern
Tel. 0 41 / 2 10 49 50

Racher
Marktgasse 12
8025 Zürich
Tel. 01 / 2 61 92 11

Passepartouts

Deutschland

Reinhard Dreger
Dorfstr. 10
21379 Echem
Tel. 0 41 39 / 6 86 69

Emil Daiber
Saarstr. 45, 71282 Hemmingen
Tel. 0 71 50 / 9 43 60

Walter Klug & Co.
Badeweg 9, 87509 Immenstadt
Tel. 0 83 23 / 96 53 30

Österreich

Gregor Eder
Hofmühlgasse 14, 1060 Wien
Tel. 01 / 5 86 71 32

Schweiz

EMSA
Industrie Allmend
5612 Villmergen
Tel. 0 56 / 6 22 11 40

Wiler Rahmen
Kirchgasse 25
9500 Wil
Tel. 0 71 / 9 13 94 54

REGISTER

DANKSAGUNG

Die Autoren und der Verlag Ryland Peters & Small danken folgenden Personen für ihren Beitrag zum Gelingen dieses Buches:
Colin, David und Janet Lacy von der Lacy Gallery für ihre Unterstützung bei dem Kapitel *Zur Geschichte des Rahmens*.
Monika Dutta für die Vorbereitung der Rahmen für Fotoaufnahmen.
Airlie Carver, Lord und Lady Charles Cecil, Sean Ford, Rachel Dalton, Manuela Höfer, David Isaac, Lawrence und Audrey Lacey, Claude Le Coeur, Lise Le Coeur, Bertie und Helen Leigh, Jonathan Lovekin, Jacob M. Myerson, Raymond O'Shea, Helen Smythe, Amédée und Debby Turner, Maryanne Wilkins.